———— 想象，比知识更重要

幻象文库

成瘾

ANNA LEMBKE

Dopamine Nation

FINDING BALANCE IN THE AGE *of* INDULGENCE

在放纵中寻找平衡

[美] 安娜·伦布克——著
赵倩——译

新星出版社 NEW STAR PRESS

谨以本书献给玛丽、詹姆斯、伊丽莎白、彼得和小卢卡斯

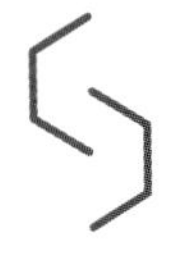

中文版序

亲爱的中国读者：

无论令我们成瘾的是酒精和香烟之类的物质，还是玩游戏、刷社交媒体之类的行为，通过了解快乐与痛苦背后的神经科学原理，我们都能克服强迫性过度消费，找到平衡，过上健康幸福的生活。

例如我的一位患者，他是一位二十岁出头、聪明、体贴的年轻人，因退缩性焦虑和抑郁症前来就诊。他已经从大学辍学，与父母住在一起，隐约还有自杀的念头。他每天的大部分时间都在玩游戏，直到深夜。

如果是二十年前，我为这类患者所做的第一件事就是给他开抗抑郁药。但现在，我会推荐完全不同的方法——多巴胺戒断。我建议他在一个月内远离包括电子游戏在内的所有屏幕。

「成瘾」

作为一名精神科医生，在二十年的从业生涯中，我看到越来越多的患者深受抑郁和焦虑问题的困扰，其中包括很多年轻人，他们在其他方面十分健全，家庭和睦，受过良好的教育，衣食无忧。其实他们的问题并不在于精神创伤、社会脱位或贫困，而在于多巴胺过量。多巴胺是大脑产生的一种化学物质，是一种与愉悦感和奖赏机制有关的神经递质。

当我们做自己喜欢的事情时——比如我的那位患者玩游戏的时候，大脑会释放出少量多巴胺，让我们感到愉悦。但在过去七十五年里，神经科学领域最重要的发现之一，就是大脑中处理快乐和痛苦的区域是相同的，并且大脑会努力维持快乐和痛苦的平衡。每当这个天平向一侧倾斜时，大脑就会在另外一侧施加压力，竭力恢复平衡，神经科学家称之为“内稳态”。

多巴胺被释放以后，大脑会相应地减少或“下调”被刺激的多巴胺受体的数量，从而导致快乐－痛苦的天平向痛苦端倾斜，以恢复平衡。所以，我们常常会在快乐过后产生宿醉感或失落感。倘若等待足够长的时间，这种感觉就会消失，我们会重新回归中立的状态。然而，人类天生渴望对抗这种感觉，于是我们会再次回到那个快乐源泉的怀抱——比如再玩一局游戏。

如果每天保持这种模式几个小时，几周或几个月后，大脑的快乐设定点就会发生变化。现在我们继续玩游戏，不是为了获得快乐，而是为了回到正常的感觉。一旦停下来，我们就会体验到戒断任何成瘾物质时会出现的普遍症状：焦虑、易怒、失眠、烦躁和强烈的渴求，一心想回到那个成瘾物质身边。

我们的大脑经过数百万年的进化，形成了这种微妙的平衡。在遥远的过去，快乐是稀缺的，而危险无处不在。今天的问题是，我们不再生活在那个远古时代。相反，我们现在生活在一个物资过剩的世界。能够使人成瘾的药物和行为的数量之庞大，种类之繁多，效力之强劲，都是前所未有的。除了糖或阿片类药物等成瘾物质，自二十年前开始，一种全新的电子设备成瘾症出现了：发短信、用社交软件、上网、网络购物和赌博。这些数字产品的设计就是为了让人沉迷其中，闪烁的灯光、庆祝的声音和“点赞”，使我们渴望获得更大的奖励，而我们只需点击一下即可。

尽管越来越容易获得那些令人快乐的东西，但我们却变得比过去更加痛苦。全球抑郁、焦虑、身体疼痛的发生概率与自杀率都在增加，尤其是在富裕国家。《世界幸福报告》对156个国家的公民幸福感进行了排名，报告显示，2018年美国居民的幸福感低于2008年。其他富裕国家，包括比利时、加拿大、中国、丹麦、法国、日本、新西兰和意大利，居民自评的幸福指数也出现了下滑。中国的整体幸福感排名比较靠后，在156个国家中位列第93位。芬兰人的幸福感最高。幸福感最低的国家是南苏丹。

当我们在追求多巴胺的时候，很难看到其中的因果关系。只有暂时远离令自己成瘾的东西，我们才能看到它给生活带来的真正影响。因此，我要求那位患者一个月不要碰电子游戏，一个月的时间足以使大脑的多巴胺水平恢复平衡。这么做并不容易，但一种违背直觉的观点激励着他：放弃那些在短期内给他带来快乐的事情，从长远来看，可能会使他更加快乐。

令他惊讶的是，他确实感觉比几年前好多了，焦虑和抑郁得到了缓解。后来他重新开始玩电子游戏，也没有产生不良影响，因为他将每周的游戏时间严格限制在两天之内，每天两个小时。这样一来，两次游戏之间就有足够的时间使大脑恢复平衡。

他不再玩那些过于刺激的游戏，这类游戏很可能一玩起来就停不下来。他用一台笔记本电脑玩游戏，用另一台笔记本电脑学习，在物理层面上将游戏和学习分离。最后他还承诺，除了朋友之外，不和任何陌生人一起玩游戏，因此游戏也巩固了他的人际关系。人与人之间的联系本身就是多巴胺的一个有效、有益的来源。

并非人人都玩电子游戏，但几乎所有人都有一个令自己成瘾的数字化产品，其中很可能就包括智能手机——它相当于“有线一代”（wired generation）的“皮下注射针”。众所周知，要减少手机的使用是非常困难的，一旦离开手机，大脑的快乐－痛苦天平就会向痛苦的一侧倾斜，令人感到不安和暴躁。但这么做是值得的，因为若能保持足够长的时间不去使用手机，更加健康、平衡的多巴胺水平会带来诸多益处。大脑不再被渴求占据，我们才能更加专注于当下，再次从生活中那些微小的、意想不到的奖励中获得快乐。

本书认为，当今广泛且日益严重的成瘾问题并非源于意志薄弱或道德败坏，而是因为我们越来越容易接触到能令人轻易上瘾的药物和行为，包括“数字药物”。从远古时代进化而来的大脑无法与现代的生态系统相协调，致使我们更容易成瘾，也更容易受到抑郁、焦虑、失眠和诸多心理问题的影响，因为我们的大脑总是试图以过多的快乐来补偿自己。这是一个全球性的问题，在富裕国家尤为突出，人们的基本生存需求得到了满足，现在面临的挑战是如何在一个物资过剩的环境中生活。无论你住在美国加利福尼亚州的斯坦福，还是中国的北京，我相信本书都将帮助你找回平衡。

安娜·伦布克博士

于美国加利福尼亚州斯坦福大学

2022 年 7 月 27 日

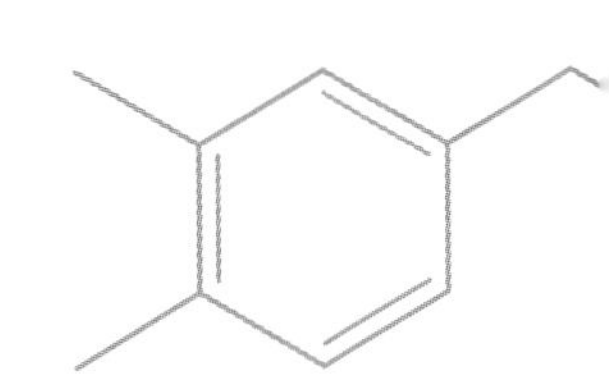

目录

001 引 言

第一部分
追求快感

007 第 1 章
我们的自慰机
关键词：成瘾、成瘾物质、数字药物、强迫性过度消费

018 成瘾物质泛滥
025 互联网与社会传染

033 第 2 章
逃避痛苦
关键词：焦虑、抑郁、疼痛

044 成瘾是缺少自我关爱还是精神疾病？

049 第 3 章
平衡快乐与痛苦
关键词：神经递质、奖赏回路、药物成瘾、愉悦刺激

049 多巴胺
052 快乐与痛苦源自大脑的同一区域
055 耐受性（神经适应）
061 人物、地点与事物
067 天平只是隐喻

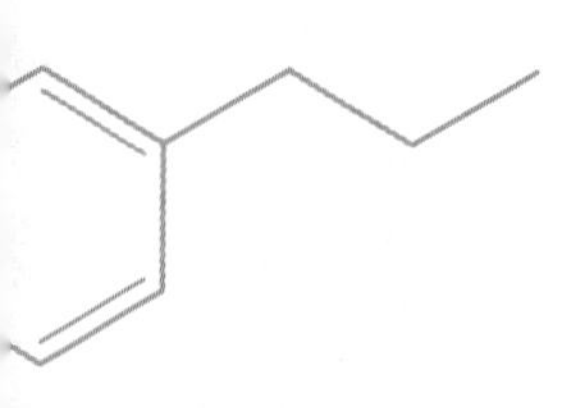

第二部分

自我约束

073 第 4 章

多巴胺戒断

关键词：成瘾物质、高多巴胺行为、适度使用

074 D 代表数据

075 O 代表目的

076 P 代表问题

078 A 代表戒断

083 M 代表正念

086 I 代表洞悉

088 N 代表下一步计划

089 E 代表尝试

091 第 5 章

自我约束策略

关键词：延迟折扣、延迟满足、棉花糖实验、元认知

095 物理策略

102 时间策略

110 分类策略

119 第 6 章

多巴胺天平失灵了吗?

关键词：阿片类药物、丁丙诺啡、过度用药

127 依靠药物恢复多巴胺天平的平衡吗?

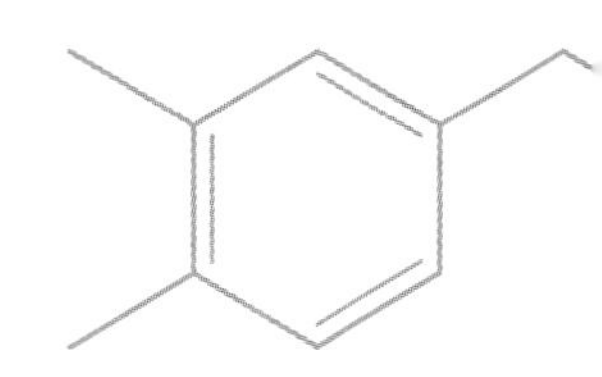

第三部分

追求痛苦

139 第7章

在痛苦端施加压力

关键词：冷水浴、痛苦刺激、追求痛苦、极限运动

148 毒物兴奋效应研究

152 以痛制痛

159 痛苦成瘾

167 工作成瘾

168 关于痛苦的结论

171 第8章

激进诚实

关键词：诚实、催产素、自传体叙事、匿名戒酒会

176 自我意识

182 诚实有利于维系亲密关系

185 诚实地讲述自己的故事

191 讲真话会传染……说谎也会传染

195 用诚实来预防成瘾

203 第9章

亲社会羞耻感

关键词：羞耻感、亲社会、俱乐部物品、搭便车者、牺牲与羞耻理论

204 毁灭性羞耻感

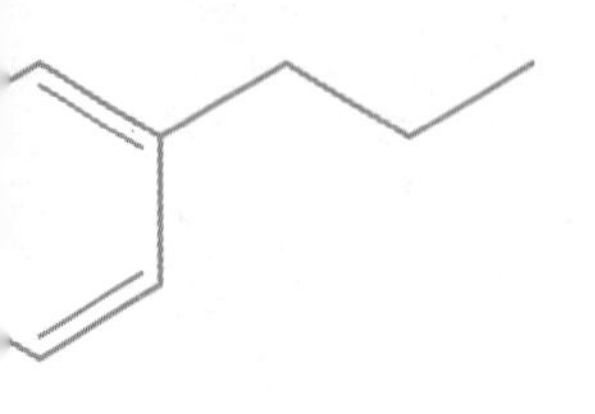

212 匿名戒酒会是亲社会羞耻感的典范
220 亲社会羞耻感与育儿

227 结 论
平衡之道
230 平衡之道

232 作者声明
233 致 谢
235 注 释
263 参考文献
281 人名、术语对照

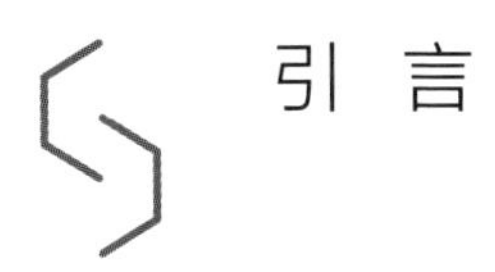

引 言

要快乐，要快乐，花光所有金钱只为快乐起来。

——李翁・赫姆（Levon Helm）[1]

本书讨论快乐，也讨论痛苦。最重要的是，本书讨论苦与乐的关系，以及理解两者之间的关系对提高生活质量的重要意义。

为什么这么说呢？

因为我们已经将一个物资匮乏的世界转变为一个物资极其丰富的世界：毒品、食物、新闻、赌博、购物、游戏、资讯、色情短信、脸书（Facebook）、照片墙（Instagram）、油管（YouTube）、推特（Twitter）……如今，高回报刺激物的数量、

1 李翁・赫姆（1941—2012）是美国传奇摇滚乐队 The Band 成员，鼓手兼歌手。——译者注

种类和影响力日益提高，其程度令人震惊。智能手机是现代社会的“皮下注射针”，全天24小时不间断地为“有线一代”（wired generation）注射数字多巴胺。如果你还没有遇到令你欲罢不能的东西，那么用不了多久，它就会出现在你附近的一个网站上。

科学家将多巴胺作为一种“通用货币”，以此来衡量某种体验致人成瘾的可能性。大脑奖赏回路产生的多巴胺越多，这种体验就越容易上瘾。

除了多巴胺，20世纪最重要的神经系统科学发现之一是快乐和痛苦源自大脑的同一区域。具体说来，快乐和痛苦就像一架天平的两端。

我们都经历过这样的时刻：吃完一块巧克力后渴望再吃一块；遇到一本好书、一部精彩的电影或一个好玩的电子游戏时，希望它永远不要结束。在我们产生渴求的那一刻，大脑内的天平开始向痛苦的那一边倾斜。

本书旨在从神经科学的角度剖析大脑的奖赏机制，让我们在快乐和痛苦之间找到一个更舒适、更健康的平衡。但仅仅依靠神经科学还不够。我们还需要了解人们的真实体验。想知道如何克服强迫性过度消费，就必须向那些有过成瘾问题的人取经。

本书的内容基于我的病人的真实故事，他们曾深受成瘾之害，最终找到了解决问题的办法。经过他们的许可之后，我将这些真实的故事融入书中，希望读者可以像我一样从他们的经验教训中受益。或许你会觉得，其中一些故事简直骇人听闻，但我认为，那只是我们的所作所为的极端版本。正如哲学家和神学家肯特・邓宁顿（Kent Dunnington）所说："严重成瘾者是被我们忽视的当代先知，他们预言了我们的灭亡，因为他们让我们看到了自己的真实面貌。"

无论令我们上瘾的是糖、购物、偷窥、吸大麻、刷社交媒体还是读《华盛顿邮报》(*The Washington Post*)，我们都会做出不符合自身期望，甚至令自己后悔的行为。本书将提供一些实用的解决方案，帮助我们在这个以消费作为生活动力的世界里，有效解决强迫性过度消费的问题。

从本质上讲，寻求平衡的秘诀是将有关欲望的科学理论与戒断的有效方法相结合。

第一部分

追求快感

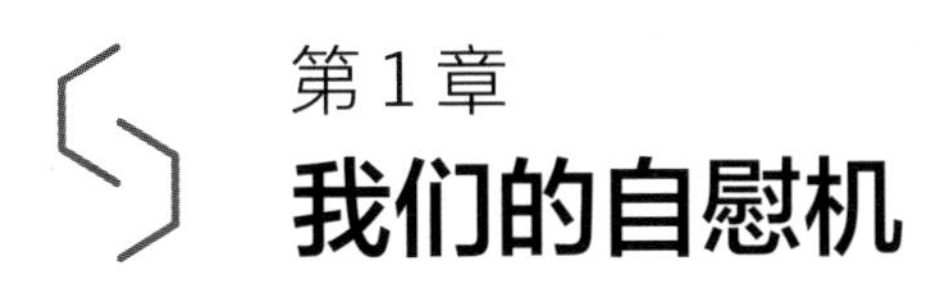

第1章 我们的自慰机

我去候诊室接待雅各布（Jacob）。他给我的第一印象是什么呢？友善。他刚六十岁出头，中等身材，脸部线条柔和，但长相英俊……只是看起来衰老得厉害。他穿着标准的硅谷式制服：卡其裤和一件随意的衬衫。他看上去平平无奇，不像是有秘密的人。

当雅各布跟随我穿过迷宫般的走廊时，我能感觉到他的焦虑就像海浪般拍打在我的后背上。我记得以前也常常让焦虑的病人跟在我的身后走回办公室。是我走得太快了吗？我在扭屁股吗？我的屁股看起来很好笑吗？

这件事距今已过去相当长的时间了。我承认，现在的我已经身经百战，变得更加坚韧，或许也变得更加冷漠。但那时我的阅历尚浅，更加依赖感觉，当时的我算是一个好医生吗？

来到办公室后，我将他身后的门关上。办公室内有两把治疗用的椅子，相距两英尺[1]，它们外观相同、高度相等，都铺有绿色的软垫。我轻声指示他坐在其中一把椅子上，我坐在另一把椅子上。落座后他开始打量这间办公室。

办公室面积为10×14英尺，有两扇窗户，一张书桌，上面放着一台电脑，一个装满书的餐具柜，两把椅子之间有一张矮桌。书桌、餐具柜和矮桌都是红棕木的材质，与房间很相配。这张书桌是我以前的系主任留下来的。桌子中间裂开了，但因为裂痕在内侧，所以别人都看不到，它很适合用来喻指我的工作。

书桌上整齐排列着十叠纸，看上去像手风琴一样。我听说，这样可以给人一种有秩序、有效率的感觉。

办公室的墙壁装饰是大杂烩风格。工作必需的证书都挂在墙上，大多没有裱框，因为我太懒了。还挂了一幅猫咪的画，那是我在邻居的垃圾堆里发现的。本来我只想要画框，却因为画中的猫而留下了这幅画。还有一张五颜六色的挂毯，图案是一群孩子在佛塔周围玩耍，这是我二十几岁在中国教英语时买的。挂毯上有一块咖啡污渍，就像罗夏墨迹测验（Rorschach test）[2]里的墨迹，不过只有当你特意去找的时候才能看到它。

房间内还摆放了各式各样的小玩意儿，大多是病人和学生送的礼物。有诗歌、散文、艺术品、明信片、节日卡片、信件和

1　1英尺等于30.48厘米。——译者注

2　罗夏墨迹测验是由瑞士精神病学家罗夏创立的投射法人格测验。被试者自由观看不断变化的墨迹，说出由此所联想到的东西，再由医生加以分析。——译者注

漫画。

我的一位病人是天才艺术家和音乐家，他送给我一张金门大桥（Golden Gate Bridge）的照片，上面有他手绘的音符。送我这张照片时，他已经摆脱了自杀的念头，但这张照片只有灰色和黑色，笼罩着悲伤的气氛。还有一位病人是位美丽的年轻女性，她为自己脸上的皱纹而焦虑不已，这些皱纹只有她自己才能看到，而且用再多的肉毒杆菌素也无法去除。她送给我一只大陶罐，足以供十个人喝水。

我在电脑左侧摆放了一张阿尔布雷特·丢勒（Albrecht Dürer）的版画《忧郁 I》（*Melencolia I*）的小尺寸复制品。在这幅画中，“忧郁”被拟人为一个女性，她躬身坐在一把长椅上，四周散落着各种各样的工具：卡尺、天平、沙漏、锤子。一只骨瘦如柴的饿狗趴在地上，耐心地等待女人醒过来，但女人似乎不会自己醒来。

我在电脑右侧摆放了一个由陶土制成的天使，高五英寸[1]，有一对用金属丝做成的翅膀，两只手臂伸向天空。天使的脚上刻着“勇气”一词。一位同事在打扫自己的办公室时清理出这尊摆件，于是送给了我。这是一只遗落的天使，我收留了她。

我很庆幸能够拥有这样一个属于自己的房间。在这里，我可以脱离时间的禁锢，进入一个充满秘密和梦幻的世界。但是，这

1　1 英寸等于 2.54 厘米。——译者注

个空间也掺杂了悲伤和渴望。当病人结束治疗后，职业的界限禁止我与他们联系。

虽然我与病人在这间办公室里建立了真实的关系，但这样的关系无法延续到这个空间之外。如果在杂货店里碰到我的病人，我甚至不敢跟他打招呼，以免让他发现我也是一个有自身需求的普通人。什么，我还需要吃东西？

几年前，在接受精神科住院医师培训的时候，我第一次在办公室以外的地方遇到了我的心理治疗指导老师。他从一家商店里出来，穿着风衣，戴着印第安纳琼斯式的软呢帽。他看起来像是刚从 J. 彼得曼（J. Peterman）[1] 的商品目录封面上走下来。那次的经历令我大受震动。

我和他分享了很多个人生活的细节，他像对待病人一样为我提供建议。我没想到他会戴帽子。对我来说，这意味着我所看到的他的个人外表与我对他的理想化想象不一致。但最重要的是，这让我意识到，当病人在办公室以外的地方看到我时，会感到多么不安。

我转向雅各布，对他说："有什么需要帮助的吗？"

后来面对病人时我开始使用另外一些开场白，比如："跟我说说，你为什么来这里。""你遇到了什么问题？"甚至"从头开始讲吧"。

1　美国生活服装品牌。——译者注

雅各布看了我一眼。“我以为，”他操着一口浓重的东欧口音，“会是一位男医生。”

当时我就知道，我们要谈论与性有关的话题。

“为什么？”我假装什么也不知道。

“因为一个女人听到我的问题可能会感觉不舒服。”

“我可以向你保证，几乎没有什么是我没听过的。”

“是这样的，”他胆怯地看着我，结结巴巴地说，“我有性瘾。”

我点点头，坐在椅子上说：“请继续……”

每个病人都是一个未开启的包裹，一本未读的小说，一片未探索的土地。一位病人曾向我描述攀岩的体验：当他趴在攀岩墙上时，什么都看不见，只能看到那无穷无尽的岩壁，与之相对的是，双手和双脚所能选择的下一步位置却十分有限。进行心理治疗就像攀岩一样。我将自己沉浸在故事里，讲述、复述，除此之外的一切都消失了。

我听过很多人讲述自己的痛苦经历，但雅各布的故事令我震惊。最让我不安的是，它让我看了我们当前所处的世界，那是我们将留给孩子的世界。

雅各布从童年回忆开始讲起，开门见山。如果弗洛伊德在场，应该会感到自豪。

“我第一次自慰是在两三岁的时候。”他说。我从他的脸上可以看出，这段记忆对他来说刻骨铭心。

“我感觉自己在月亮上，”他接着说，“但那不是真正的月亮。那里有一个像上帝一样的人……我完成了性体验，但当时我还不知道性这回事……”

我认为“月亮”意味着如深渊一般的东西，无处不在，又难觅踪迹。但是“上帝”呢？我们是否都对自己以外的东西充满了渴望？

小时候，雅各布总是神不守舍：扣错纽扣，手上和袖子上总有粉笔末，上课时会第一个往窗外看，每天最后一个离开教室。八岁时他经常自慰。有时独自一人，有时和他最好的朋友一起。那时他们还没有学会羞耻。

但在第一次领受圣餐之后，他意识到自慰是一种“弥天大罪”。从那时起，他只会独自自慰，并在每周五去当地天主教堂的神父那里进行忏悔。

“我自慰。”他透过忏悔室的格栅门低声说道。

“多少次了？”神父问道。

“每天。”

一阵沉默后，神父说：“不要再这么做了。”

讲到这里，雅各布停了下来，看着我。我们两人会心一笑。如果这样直截了当的告诫能够解决问题，那么我就失业了。

年少的雅各布决心遵从神父的教诲，做一个“好孩子”，所以他握紧双拳，坚决不碰自己。但这样的决心只维持了两三天。

他说：“从那以后，我开始了双重人格的生活。”

“双重人格的生活”之于我，就像“ST 段抬高”之于心脏科医生，“IV 分期”之于肿瘤医生，“糖化血红蛋白”之于内分泌科医生，是我再熟悉不过的一个词语。它指的是成瘾者背着别人，有时甚至背着自己，偷偷服用药物、饮酒或进行其他强迫行为。

十几岁的时候，雅各布放学回家，爬上阁楼，从木地板之间拿出藏在里面的一幅希腊女神阿弗洛狄忒（Aphrodite）的画像——那是他从课本上临摹下来的——然后开始自慰。之后他会发现，这段时间是他生命中的纯真时光。

十八岁时，他搬到城里和姐姐住在一起，在大学学习物理和工程。姐姐每天的工作都很繁忙，大部分时间都不在家，这是他有生以来第一次长时间的独处。他感到很孤独。

“于是我决定做一台机器……”

“一台机器？”我问，同时稍稍直起了身体。

“自慰机器。”

我犹豫了一下，然后说：“我明白了。你是怎么做的？”

“我将一根金属棒的一端连接到一台唱机上。另一端连接到一个用软布包裹的金属线圈上，线圈的一端有一个开口。”他为我画了一张示意图。

“我将布和线圈绕在我的阴茎上。”说到阴茎（penis）的时候，他将这一个词拆成了两个词，听起来像 pen（钢笔）——书写工具，和 ness（尼斯）——尼斯湖水怪。

我有点想笑，但经过片刻思考后，我意识到，这种想笑的冲动是在掩盖另一种情绪：害怕。我怕他向我展示了自己的问题之后，我却无法帮助他。

“随着唱机一圈一圈地转动，”他说，“线圈上下移动。我通过调节唱机的速度来调节线圈的速度。我设置了三种不同的速度。通过这种方式，我可以反复让自己到达那个临界点……又始终不越过临界点。我还发现，在这个过程中吸烟能将我从临界点拉回来，所以我使用了这个技巧。”

通过微量调整，雅各布能够在几个小时内始终保持在性高潮前的状态。他一边点头一边说：“这个很容易上瘾。”

雅各布每天要用他的机器自慰几个小时。这带给他无与伦比的快感。他发誓要戒掉。他把机器藏在高高的壁橱里，或者把它完全拆开，扔掉零件。但一两天后，他又从壁橱里拿出机器，或从垃圾桶里找回零件，将它们组装起来，重新开始。

也许你觉得雅各布的自慰机器很恶心，我第一次听说的时候也有同样的感觉。也许你认为这是一种超越日常经验的极端变态行为，与你和你的生活几乎没有关系。

但是，如果抱着这样的想法，我们就无法了解现代生活中某些至关重要的东西：从某种程度上来说，我们都在使用自己的自慰机器。

大约四十岁的时候，我对爱情故事产生了一种不健康的依恋。《暮光之城》（*Twilight*）是一部关于青少年吸血鬼的超自然爱情小说，对我而言，它就是一个“入门毒品”。阅读这样的小说已经令我难堪不已，更不用说承认自己沉迷其中了。

《暮光之城》在爱情、惊悚和奇幻等题材之间找到了一个甜蜜点，在人到中年之际，我借助这部小说来逃避现实。不止我一人如此。数百万和我年龄相仿的女性在阅读和迷恋《暮光之城》。沉迷于一本书本身并没有什么特别之处。我一生都在读书。不同的是接下来所发生的事。那是我根据以往的癖性或生活环境也难以解释的事情。

读完《暮光之城》后，我一头扎进了所有能找到的吸血鬼爱情故事中，然后又看了有关狼人、仙女、女巫、亡灵巫师、时间旅行者、占卜师、读心术者、持火者、算命师、宝石工的爱情故事……懂了吧。到了某个时刻，一般的爱情故事已经无法满足我了，所以我逐渐开始搜索那些将男女相爱描写得形象又色情的小说。

我记得我曾震惊地发现，在社区图书馆的通俗小说书架上，很容易就能找到有形象的性爱描写的书。我担心我的孩子们会看到这些书。我在美国中西部长大，当地图书馆里最“不雅”的书就是《上帝在吗？我是玛格丽特》（*Are You There, God? It's Me, Margaret*）[1]。

在一位精通技术的朋友的强烈推荐下，我购买了一台 Kindle

1　《上帝在吗？我是玛格丽特》是美国作家朱迪 · 布鲁姆（Judy Blume）的小说，讲述了六年级小学生玛格丽特对青春期的疑问和探索。——译者注

（亚马逊电子书阅读器），事态进一步升级了。我再也不用等其他图书馆分馆将书送来，也不用把色情小说藏在医学杂志后面，特别是当我的丈夫和孩子在场的时候。现在，只要滑动两下屏幕，再点击一下，我就可以随时随地阅读我想读的任何一本书：无论是在火车上、飞机上，还是排队理发的时候。我可以轻易地将凯伦·玛丽·莫宁（Karen Marie Moning）的《黯之罪》（*Darkfever*）冒充成陀思妥耶夫斯基（Dostoyevsky）的《罪与罚》（*Crime and Punishment*）来读。

简而言之，我成了一个通俗色情小说的忠实读者。我一本接一本地阅读这些电子书：为了看书，我既不社交，也不做饭，连觉也不睡，甚至忽视了我的丈夫和孩子。我真不好意思承认，有一次我甚至带着 Kindle 去上班，在给病人治疗的间隙读小说。

我一直在寻找更便宜的，甚至免费的书。亚马逊就像一个高明的毒贩，知道免费样品的价值。有时我能找到一本价格便宜且质量上乘的小说，但大部分品质十分糟糕，只有烂俗的情节和毫无生气的角色，充斥着拼写和语法错误。但我还是把它们读完了，因为我越来越渴望一种特殊的体验。至于如何得到那种体验则变得越来越不重要了。

我想沉溺在不断升级的性紧张中，当男女主角终于开始交往后，这种性紧张得以消退。我不再关心语法、风格、场景或角色，只想给自己来一剂“毒品”，这些按照公式写成的小说就是为了吸引我一直读下去。

每一章的结尾都留有悬念，这些章节都朝着高潮发展。我会粗略地浏览一本书的前半部分，直至高潮情节，高潮过后就懒得再看剩下的部分了。现在我悲哀地发现，如果从一本爱情小说大约四分之三的位置开始读，你就能直奔主题。

沉迷爱情小说大约一年后，在某一个工作日的凌晨两点，我起床看《五十度灰》（*Fifty Shades of Grey*）。我给自己找借口，说这本书是现代版的《傲慢与偏见》（*Pride and Prejudice*）——直到读到"肛门塞"这一页，我突然意识到，在凌晨阅读关于性虐用具的故事并不是我想要的消磨时间的方式。

广义的"成瘾"是指，尽管对自己和 / 或他人有害，但仍然持续且强迫自己消费某种东西或做出某种行为（如赌博、游戏、性爱）。

与那些严重成瘾的人相比，我的遭遇微不足道，但它足以说明，即便生活美满，当代人依然面临着日益严重的强迫性过度消费问题。我有一个体贴又可靠的丈夫，孩子们都很健康，还有一份有价值的工作，自由自在，也积累了一定的财富——没有经历过创伤、社会动荡、贫穷、失业或其他致人成瘾的风险因素。然而，我还是强迫自己一而再、再而三地逃进一个幻想世界。

成瘾物质泛滥

二十三岁时，雅各布结识了他的第一任妻子，两人结婚后搬进了妻子与父母合住的三居室公寓，他希望借此彻底摆脱他的机器。他和妻子登记申请了自己的公寓，但被告知要等二十五年。在20世纪80年代，这种现象在他们居住的东欧地区非常普遍。

他们不想与父母一起生活几十年，于是决定多赚些钱，以便尽早买下自己的房子。他们经营电脑生意，从中国台湾进口机器，加入了日益繁荣的地下经济。

他们的生意兴隆，很快就成了当地的有钱人。夫妻两人购买了一栋房子和一块地，并育有一儿一女两个孩子。

后来雅各布得到了一个去德国从事科学工作的机会，这样一来，他们的上升轨道似乎有了保障。一家人借此机会移居西欧，雅各布的事业得到了进一步发展，孩子们也能享受西欧地区提供的良好的成长环境。移居德国为雅各布一家带来了很多机遇，但也不乏负面的影响。

“搬到德国后，我发现那里有很多色情书刊、色情影院和现场表演。我居住的小镇以此闻名，令我无法抗拒。但我克制住了。我已经克制了十年，成为一名科学家，努力工作，但在1995年，一切都变了。”

“发生了什么？”我问道，其实我已经猜到了答案。

“因为互联网。那时我四十二岁，生活还不错，但有了互联网，我的生活开始分崩离析。有一次，那是 1999 年，那天我住在酒店里，这家酒店我已经住过差不多五十次了。第二天我要在一个大型会议上发表一次重要的报告。但那天晚上我没有准备报告，而是一直在看色情影片。我整晚没睡，也没准备演讲稿，就这样出现在会议上。我做了一场非常糟糕的演讲，差点儿为此丢了工作。”他回忆道，同时垂下目光，摇了摇头。

“在那之后，我养成了一个新的习惯，”他说，“每次我走进酒店房间，都会在各个地方贴满便签——浴室的镜子上、电视机上、遥控器上——上面写着‘不要那样做’。但我连一天都坚持不下来。”

我突然意识到，酒店的房间简直就像现代版的斯金纳箱（Skinner box）[1]：一张床、一台电视和一个迷你吧台。什么都不用做，只要按下杠杆就能得到“毒品”。

雅各布再次垂下眼帘，陷入了更长时间的沉默。我静静地等他开口。

“那是我第一次想要结束自己的生命。我想这世界上不会有人怀念我，没有我他们也许会过得更好。我走到阳台向下看。四楼……足够了。”

成瘾的最大风险因素之一是成瘾物质容易获取。当某一种东

1　斯金纳箱是一种心理学实验装置，箱内有一个杠杆，箱内的动物只要拉动杠杆就可以获得食物，以此研究动物的操作性条件反射。——译者注

西更容易获得时，我们也更有可能使用这种东西。在使用的过程中，我们很可能会上瘾。

对此，既可悲又极具说服力的例证就是目前美国的阿片类药物成瘾已经达到流行病的程度。1999 年至 2012 年，美国的阿片类药物处方（奥施康定、维柯丁、芬太尼）数量翻了两番，再加上这类药物广泛分布于全美各处，导致阿片类药物的成瘾率与相关的死亡率不断上升。

2019 年 11 月 1 日，美国公共卫生学院与项目协会（ASPPH）下属的一个工作组发布了一份报告，报告总结称："强效（高效和长效）处方阿片类药物的供应量大幅增加，导致对处方阿片类药物的依赖性大大提高，芬太尼及类似药物遭到禁用，同时也推动了用药过量事件的指数增长。"报告还指出，阿片类药物使用障碍"是由反复使用阿片类药物引起的"。

同样，减少成瘾物质的供应也会降低成瘾和相关伤害的可能性和风险。20 世纪的一次尝试曾验证了这一猜想，那就是禁酒令的颁布，即 1920 年至 1933 年美国宪法禁止生产、进口、运输和销售酒精饮料。

禁酒令使美国饮酒和酒精成瘾的人数急剧减少。在此期间，由于缺少新的成瘾物质，在公共场合酗酒以及酒精相关的肝病发病率都下降了一半。

当然，禁酒令也造成了一些意想不到的后果，比如出现了由犯罪团伙经营的大型黑市。但人们普遍低估了禁酒令在饮酒和酒精相关疾病方面所带来的积极影响。

禁酒时期，美国人的饮酒量减少，这种影响一直持续到 20 世纪 50 年代。在随后的三十年里，随着酒精饮料的广泛售卖，人们的饮酒量也持续增加。

20 世纪 90 年代，美国饮酒者的比例增加了近 50%，而高风险饮酒者的比例增加了 15%。2002 年至 2013 年，老年人（六十五岁以上）和女性中被诊断为酒精成瘾的人数分别增加了 50% 和 84%，此前这两个人群相对不易出现酒精成瘾的问题。

诚然，增加成瘾物质的接触机会并不是导致成瘾的唯一原因。如果一个人的亲生父母或祖父母有成瘾问题，即使不在这个家庭中成长，他也面临着更高的成瘾风险。精神疾病也是一个风险因素，但两者之间的关系尚不清楚：是精神疾病导致成瘾问题，还是成瘾问题导致或暴露了精神疾病，抑或介于两者之间？

精神创伤、社会动荡和贫困也会增加成瘾风险，因为成瘾物质会成为应对这些问题的手段，并导致表观遗传变化——遗传碱基对之外的 DNA 链发生可遗传变化——影响个体及其后代的基因表达。

尽管存在这些风险因素，但成瘾物质的接触机会增多可能是现代人面临的最主要的一项风险因素。供给创造了需求，因为我们都陷入了强迫性过度使用的旋涡。

我们的多巴胺经济，或者历史学家戴维·考特莱特（David Courtwright）所谓的“边缘资本主义”，正在推动这一变化，此外革命性技术也提供了助力，它不仅增加了成瘾物质的获取途径，也增加了这类物质的数量、种类和效力。

例如，1880 年发明的卷烟机使香烟的产速从 4 支 / 分钟提高到惊人的 2 万支 / 分钟。如今，全球每年的香烟销售量为 6.5 万亿支，相当于每天消费约 180 亿支香烟，造成全球约 600 万人死亡。

1805 年，德国的弗里德里希·泽尔蒂纳（Friedrich Sertürner）在当药剂师学徒时，从鸦片中提取出了止痛药吗啡——一种阿片生物碱，其效力是鸦片的十倍。1853 年，苏格兰医生亚历山大·伍德（Alexander Wood）发明了皮下注射器。由于这两项发明，19 世纪末的医学期刊上出现了数百篇关于医源性（由医生治疗引起的）吗啡成瘾的病例报告。

为了寻找一种成瘾性较低的阿片类止痛药来代替吗啡，化学家们合成了一种全新的化合物，命名为“海洛因”（heroin），这个词语来自德语 heroisch，意为“勇敢”。海洛因的药效是吗啡的二倍至五倍，并导致了 20 世纪初的麻醉剂成瘾问题。

如今，强效的医药级阿片类药物，如羟考酮、氢可酮和氢吗啡酮，已出现了各种各样的形式：丸剂、注射剂、贴剂、鼻喷雾剂。2014 年，一位中年患者走进我的办公室，嘴里还吮吸着鲜红色的芬太尼棒棒糖。芬太尼是一种合成阿片类药物，其药效是吗啡的五十倍到一百倍。

除阿片类药物外，今天很多东西的效力都比过去有所提升。

与传统香烟相比，吸电子香烟（一种时尚、小巧、无味、可重复充电的尼古丁摄入装置）能更加迅速地为血液注入更大剂量的尼古丁。电子香烟还推出了多种多样的风味，旨在吸引青少年。

与 20 世纪 60 年代相比，今天的大麻效力提高了四倍至九倍，而且还出现了无数种不同的形态，如饼干、蛋糕、布朗尼、小熊软糖、蓝莓烟、“大麻馅饼”、润喉糖、油、芳香剂、酊剂、茶……

食品由世界各地的技术人员操控。第一次世界大战后，薯片和油炸食品生产线的自动化推动了袋装薯片的诞生。2014 年，美国人均土豆消费量约为 112 磅[1]，其中 33.5 磅是新鲜土豆，其余 78.5 磅是加工土豆。我们吃的很多食品中都添加了大量的糖、盐和脂肪，以及数千种人工香料，以满足现代人对法式吐司冰激凌和泰式番茄椰汁等食物的渴求。

随着获取途径的增加和药效的提升，多重用药——同时使用或在间隔时间很短的情况下使用多种药物——已成为常态。我的病人马克斯（Max）发现，画出他的用药时间表比向我解释他的用药过程要容易得多。

如图所示，他从十七岁开始酗酒、抽烟和吸大麻。到了十八岁，他就开始吸食可卡因了。十九岁时，他改用奥施康定和阿普唑仑。在二十多岁的时候，他接连使用了扑热息痛、芬太尼、氯

1 1 磅约等于 453.6 克。——译者注

胺酮、LSD（麦角酸二乙基酰胺）、PCP（苯环己哌啶）、DXM（地塞米松）和 MXE（氯胺酮的结构衍生物），最后是阿片类止痛药 Opana，此后他开始吸食海洛因，直到三十岁时来找我。在十年多一点儿的时间里，他总共使用了十四种不同的药物。

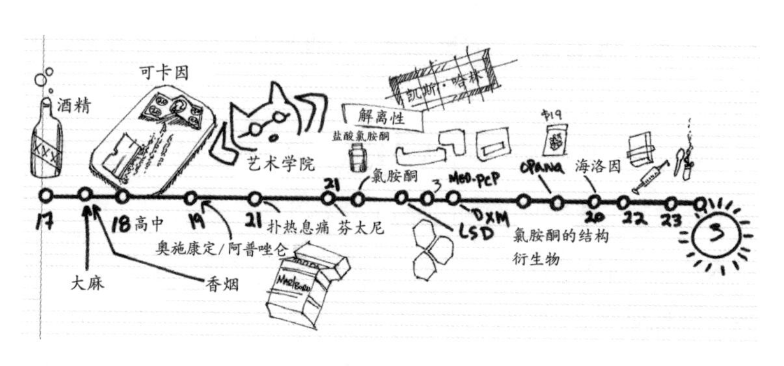

用药时间表

除了这些药物以外，当今世界又出现了“数字药物”，这是以前所没有的，或者说过去只存在于现实世界，如今出现在数字平台上，这些平台的影响力和便捷性均呈指数式增长。其中包括网络色情作品、线上赌博和电子游戏等。

此外，这项技术本身也让人上瘾，闪烁的灯光、喧闹的音乐，像“无底碗”一样，人们希望通过持续参与获得更大的回报。

从一部相对平淡的吸血鬼爱情小说，到近乎被社会公认的针对女性的色情小说，我的成瘾过程从电子阅读器的出现开始。

消费行为本身也会让人上瘾。我的病人齐（Chi）是一名越南移民，他沉迷于在网上搜索和购买产品。对他来说，从决定购买什么产品开始，他就进入了极度兴奋的状态，这种状态会从等待收货持续到收货，并在他打开包裹的那一刻达到顶点。

不幸的是，这种兴奋并不会持续太久，等他撕下亚马逊的胶带，看到里面的产品后，这种兴奋感就消失了。他的房间里塞满了廉价的商品，他自己欠下数万美元的债务。即便如此，他也难以停下来。为了不断获得那种兴奋感，他不得不订购越来越便宜的商品——钥匙链、杯子、塑料太阳镜等，并在到货后立即退货。

互联网与社会传染

那天雅各布在酒店放弃了自杀的念头。就在第二周，他的妻子被诊断出患有脑癌。他们回到了自己的祖国，之后的三年里他一直在照顾妻子，直到她去世。

2001 年，四十九岁的雅各布与高中时的恋人恢复了联系，之后两人结婚了。

“结婚前我对她说了自己的问题。但我尽可能说得轻描淡写。”

雅各布和新婚妻子在美国西雅图购买了一套房子，他本人在硅谷找到一份科学研究工作。因为工作的原因，雅各布要长时间地待在硅谷，远离妻子，他又回到了过去沉溺于色情片和强迫性自慰的模式中。

“和妻子在一起的时候，我从来不看色情片。但当我在硅谷上班或出差的时候，她不在我身边，我就会看。”

雅各布停顿了一下。接下来要讲的事情显然令他难以启齿。

“在工作中，我有时需要操作电路，这时我会感觉手上似乎有什么东西。我很好奇，于是我不禁设想，如果电流流过阴茎会是什么感觉。所以我开始在网上搜索，结果发现了一个社群，里面的人都在使用电刺激。”

“我将电极和电线连接到立体音响系统上，尝试用来自立体音响系统的电压产生交流电。我用盐水代替一般的电线，将棉花制成的电极连接起来。立体音响的音量越大，电流就越大。在音量较低时，我什么感觉也没有。在音量较高时，我感觉很难受。在这两者之间，我可以产生性高潮。”

我的眼睛不由自主地睁大了。

“但这非常危险，”他继续说，“我意识到，如果供电中断，可能会发生电涌，致使我受伤。有人还因此丧了命。我在网上查到了一种医疗工具，就像……就是那种治疗疼痛的仪器，你们管它叫什么……”

“TENS 仪（经皮神经电刺激仪）？”

“没错，TENS 仪，600 美元一台，或者我可以花 20 美元组装一台。于是我决定自己做。我购买了材料，制作了一台仪器。它可以运行，而且很好用。”他停顿了一下，接着说：“但后来我有了重大发现，那就是我可以编程。我可以创建自定义程序，让感觉与音乐同步。”

“什么样的程序？”

“自慰、口交，凡是你说得出来的都可以。然后我发现不只我这样，我还上网下载了其他人的程序，并分享了我的程序。有些人编写的程序与色情影片同步，这样你就能身临其境……就像虚拟现实一样。这种感觉当然能带来乐趣，但制作这样的机器，预测它能做什么，尝试改进方法，并与他人分享，这个过程同样能带来乐趣。”

他回忆道，脸上露出了微笑，但那笑容随即就消失了，他在揣测接下来该怎么做。他仔细打量我，我可以看出他在判断我是否能接受他所说的事情。我打起精神，点了点头，示意他继续说下去。

“情况越来越糟。我找到了一些聊天室，你可以在那里观看人们直播自慰。这些视频都是免费的，但也可以选择购买代币。为了更好地体验，我支付了代币。我拍摄自己的自慰过程并发布到网上。只拍了我的隐私部位。一开始，让陌生人观看令我感到兴奋。但我也感到内疚，因为观看这些视频会让别人产生尝试的欲望，他们可能也会上瘾。”

2018 年，我作为医疗专家参与了一起两名少年遭卡车撞击身亡的案件。卡车司机在驾驶前吸食了毒品。在诉讼的过程中，我与文斯・杜托（Vince Dutto）探长进行了交流，他是加利福尼亚州普莱瑟县（Placer）的罪案调查主任，这起案件就在那里进行审理。

出于对他的工作的好奇，我问他过去二十年里的罪案模式是否发生了变化。他向我讲述了一个六岁男孩对他四岁的弟弟进行“鸡奸”的悲惨案例。

他说：“在我们以往接触过的此类案件里，都是因为孩子身边的某个成年人对他进行了性虐待，然后这个孩子又对另一个孩子，比如他的弟弟，进行性虐待。”但是我们进行了彻底的调查，没有发现哥哥受到性虐待的证据。两个孩子的父母离婚了，工作很忙，所以从某种程度上来说，他们是放养型的孩子，但并未遭受性虐待。

“案件的最终调查结果是，这个哥哥一直在网上看动画片，偶然发现了一些包含各种性行为的日本动漫。这个孩子有一台自己的 iPad（苹果平板电脑），没有人监督他用 iPad 干了什么。在看了一堆动画片之后，他决定在弟弟身上实践。在二十多年的警察生涯中，我还从来没遇到过这种事。”

互联网使我们更容易接触到新事物，还能让我们看到可能从未体验过的行为，进而推动了强迫性过度消费。视频不仅仅能“像病毒一样传播”，而且它们本身就具有传染性，因此出现了模因（meme）[1]。

1　模因是一种文化基因，通过非遗传的方式，特别是模仿而得到传递。——译者注

人类是群居动物。当我们在网上看到其他人以某种方式行事时，这些行为似乎就有了“正常性”，因为其他人都在这样做。作为权威人士和总统都喜欢使用的社交媒体消息发布平台，“推特”的名称十分恰当[1]。我们就像一群鸟，当其中一人刚刚举起翅膀准备起飞的时候，其他人就已经升空了。

雅各布低头看着自己的手，他避开了我的视线。“然后我在那个聊天室里遇到了一位女士。她喜欢支配男人。我向她介绍了这些电力装置，然后教她如何远程控制电流：频率、电量、脉冲结构。她喜欢让我达到那个临界点，又始终不超越临界点。她这样做了十次，其他人看了视频，还留言评论。我和这位女士成为了朋友。她从来不会露脸，但有一次我看到了她的长相，因为她的相机不小心拍到了她的脸。”

“她多大了？”我问。

“我猜，大概四十多岁……”

我想问她长什么样，但我意识到这个问题只是出于自己的色欲好奇心，而非治疗的需要，所以我忍住了。

雅各布说：“我的妻子发现了这一切，她要离开我。我向她保证再也不做这些事了。我对那位女网友说我要退出。她很生气，我的妻子也很生气。我痛恨自己。我戒掉了一段时间，大概

1 “Twitter”一词的本义是指鸟的叽喳声。——译者注

一个月。但后来又开始了。只不过这一次我只用自己的机器，没有进聊天室。我对妻子撒了谎，但最后还是被她发现了。她的治疗师让她离开我，所以妻子走了。她搬到了我们在西雅图的家，现在我又孤身一人了。”

雅各布摇了摇头，继续说：“事情并不像我想象的那样。现实总是不尽如人意。我告诉自己再也不能那么干了，我拆了机器并将它扔掉。但第二天早上四点，我又从垃圾堆里把它捡回来，重新组装。”

雅各布用恳求的眼神看着我。“我想停下来，我真的想停下来。我不想在性瘾中死去。”

我不知道该说什么。我想象他通过互联网，在一个满是陌生人的房间里展示自己的生殖器。我感到恐惧又同情，同时还生出一种模糊且令人不安的感觉——或许我也会如此。

其实我们和雅各布一样，都有可能在自我刺激中走向死亡。

全球70%的死亡可归因于可改变的风险因素，如吸烟、缺乏运动和不良的饮食习惯。全球主要的死亡风险因素是高血压（13%）、吸烟（9%）、高血糖（6%）、缺乏运动（6%）和肥胖（5%）。2013年，约21亿成年人超重，而1980年超重的成年人数量仅为8.57亿。除了撒哈拉以南非洲和亚洲的部分地区外，现在全球超重人数已超过低体重人数。

全球的成瘾率正在上升。在世界范围内，由酒精成瘾和违禁药品成瘾导致的疾病数量占 1.5%，在美国，这一比例超过了 5%。这些数据中还不包括吸烟。成瘾物质因国家而异，美国流行的主要是违禁药品，俄罗斯和东欧流行的主要是酒精。

从 1990 年到 2017 年，全球所有年龄组内因成瘾导致的死亡人数都有所上升，其中一半以上的死亡发生在五十岁以下的人群中。

贫困和低学历人口最容易出现强迫性过度消费的问题，尤其是在富裕国家。他们很容易获取高回报、高效力的最新药物，与此同时，他们无法从事有意义的工作，居无定所，缺乏高质量的教育，负担不起医疗保健的费用，也难以享受种族平等和阶级平等的法律保障。这些因素与成瘾之间存在一定的危险联系。

普林斯顿大学的经济学家安妮·凯斯（Anne Case）和安格斯·迪顿（Angus Deaton）的研究发现，没有获得大学学位的中年美国白人的寿命比他们的父母、祖父母和曾祖父母的寿命更短。在该群体中，最主要的三大死因是药物过量、由酒精引发的肝病和自杀。凯斯和迪顿将这种现象称为“绝望之死”。

强迫性过度消费不仅危及我们的生命，也危及我们的星球。世界自然资源正在急速减少。经济学家预计，到 2040 年，高收入国家的自然资本（土地、森林、渔场、燃料）将减少 21%，贫穷国家的同类资源将减少 17%。与此同时，高收入国家的碳排放量将增长 7%，世界其他地区的碳排放量将增长 44%。

我们正在逐步吞噬自己。

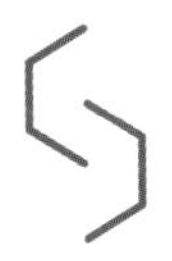

第 2 章
逃避痛苦

认识戴维（David）是在 2018 年。他是个外形普通的白人男性，中等身材，棕色头发。医疗记录显示他的年龄是三十五岁，但他时常露出一种将信将疑的神情，这使他看起来似乎比实际年龄要小。当时我就想，他不会坚持来诊所的，咨询一两次后就不再来了。

但我知道我的预测未必准确。曾经有一些病人，我相信自己可以帮助他们，但事实证明他们的问题非常棘手，还有一些我认为没有康复希望的病人，结果他们的恢复力惊人。因此，现在看到新病人的时候，我会努力克制内心怀疑的声音，并牢记一点：每个人都有机会康复。

“跟我说说，你为什么来这里。”我说。

戴维的问题始于大学，但更确切地说，是从他走进学生心理健康服务中心的那天开始。当时他二十岁，是纽约州北部一所大学的二年级学生，他因为焦虑和糟糕的学业问题需要寻求帮助。

他的焦虑来源于与陌生人或不熟悉的人互动。在这种情况下，他的脸会涨红，前胸和背部会出汗，思绪变得混乱。为了避免在众人面前发言，他选择了逃课。他曾两次放弃了必须参加的演讲和交流研讨会，最终在社区学院参加了同等课程才达到要求。

“你在害怕什么？”我问。

“我怕失败。我怕暴露自己的无知。我不敢寻求帮助。”

他花了四十五分钟进行预约，用不到五分钟的时间完成了一份测试卷，然后被诊断为注意力缺陷障碍（ADD）和广泛性焦虑障碍（GAD）。主持测试的心理医生建议他去看精神科医生，让医生开一种抗焦虑药物，以及（用戴维的话说）“治疗注意力缺陷障碍的兴奋剂”。他没有接受心理治疗或其他非药物性的行为矫正。

戴维去看了精神科医生，医生给他开了帕罗西汀（一种治疗抑郁症和焦虑症的选择性血清再吸收抑制剂）和阿德拉（一种治疗注意力缺陷障碍的兴奋剂）。

“效果怎么样？我是说这些药的效果。”

“一开始，帕罗西汀确实能缓解焦虑。它让我不再流那么多汗，但并不能根治。我最终从计算机工程专业转到了计算机科学专业，我觉得这样会有所帮助，因为计算机科学专业不需要接触那么多人。”

“但因为我不敢发言，也不敢说我不会，所以我没有通过考试。后来补考也没有通过。然后我休学一个学期，以免我的平均学分绩点受到影响。最终我彻底放弃了工程学院，这真令我非常难过，因为我热爱计算机，并且想从事相关的工作。我成了一名历史专业的学生。这个专业的课堂规模较小，只有二十人，我可以不必与很多人打交道，还可以把答题卷带回家自己做。”

“阿德拉的效果怎么样？”我问。

“我每天早上上课前的第一件事就是服用 10 毫克阿德拉，它能帮我集中注意力。但现在回想起来，我觉得自己只是学习习惯不好。阿德拉能够弥补这一点，但它也导致我经常拖延。如果有考试，而我没有复习，我就会一整天连续服药，临时抱佛脚地准备考试。后来甚至到了没有它我就无法学习的地步，然后我开始想要更多的阿德拉。”

“这种药的获取困难吗？”

“不太难，”他说，“我总能知道什么时候该续药了。我会提前几天给精神科医生打电话。不会提前太久，也就提前一两天，所以他们不会怀疑。事实上，我的药可能……十天前就吃完了，但如果我只提前几天给医生打电话，他们会马上再给我开药。我还发现，最好是跟医生助理谈。他们一般不会问太多问题，而是直接续药。有时我会编造借口，比如说药店邮寄时出了问题。但大多数时候我用不着这么做。”

“听起来这些药并没有带来实质性的帮助。”

戴维停顿了一下，说道：“说到底，药物只起到了抚慰的作用。吃药可以缓解我的痛苦。”

2016 年，我在斯坦福大学的学生心理健康诊所向教职员工做了一场关于药物和酒精问题的演讲。我已经好几个月没去过学生心理健康诊所了。那天我很早就来到现场，在前厅等待联络人时，我的注意力被墙上那些供人拿取的小册子所吸引。

一共有四种小册子，每种小册子的标题都包含“快乐”一词：快乐的习惯；良好的睡眠是通往快乐的道路；触手可及的快乐；七天让你变得更快乐。每本小册子里都介绍了获得快乐的方法：“写出五十件让你感到快乐的事情”，“观察镜子里的自己，并在日记中写出你喜欢自己的哪些地方”，“产生一系列积极的情绪”。

还有一段话最能说明问题：“优化时间管理与各种快乐策略。有意识地确定时间和频率。以做好事为例：通过自身实验，确定对你来说最有效的方法：是每天做很多件好事，还是每天做一件好事。”

这些小册子表明，追求快乐已成为现代人的座右铭，它将“美好生活”的其他定义排除在外。甚至对他人的善举也被视为获得个人快乐的策略。利他主义不再仅仅是一种善行，它已经成为我们获取个人“幸福”的手段。

20 世纪中叶的心理学家和哲学家菲利普·里夫（Philip Rieff）在其著作《治疗观的胜利》（*The Triumph of the Therapeutic: Uses of Faith After Freud*）中预见了这一趋势："信仰宗教的人生来就渴望得到救赎；学习心理学的人生来就是为了获得快乐。"

不止心理学在鼓励我们追求快乐。现代宗教也提倡将自我意识、自我表达和自我实现的宗教体系作为最高善（the highest good）。

作家和宗教学者罗斯·多赛特（Ross Douthat）在其著作《坏宗教》（*Bad Religion*）中，将新世纪"内心的神"（God Within）的宗教体系描述为"一种既具有普适性又能抚慰人心的信仰，使人获得不一样的快乐……没有任何痛苦……它是一种神秘的泛神论，在这种信仰中，神是一种体验，而不是一个人……令人惊讶的是，在这类文学作品中，几乎没有道德劝诫。人们不断呼吁'同情'和'仁慈'，但面临实际困境的人却几乎得不到任何指导。唯一的指导基本都是'如果这么做让你感到快乐，那就这么做'。"

2018 年，凯文（Kevin）的父母带他来找我，当时他十九岁。父母担心他不上学，保不住工作，也不会遵守任何家规。

和其他人一样，凯文的父母也有缺点，但他们一直在努力帮助凯文。他们既没有虐待他，也没有对他不闻不问。但问题是，他们似乎无法约束凯文。他们担心提出要求会"让他感到压力"或"使他受到创伤"。

孩子的心理是脆弱的，这是一个典型的现代观念。在古代，孩子被视为缩小版的成年人，他们出生后就完全成形了。大多数西方文明认为，人之初，性本恶。父母和监护人的任务是用严格的纪律约束他们，从而使他们能够适应社会生活，在这个世界上立足。为此可以使用体罚和恐吓等策略来规范孩子的行为举止。但这种做法在现代社会已不被认可。

今天，我看到很多父母会担心自己做的事或者说的话会给孩子留下心理创伤，导致他们在以后的生活中忍受情感痛苦甚至精神疾病。

这种想法可以追溯到弗洛伊德，他开创了精神分析理论，认为幼儿时期的经历，即使是那些早已被遗忘或长期存在于意识之外的经历，也会造成持久的心理伤害。不幸的是，弗洛伊德认为童年早期创伤会影响成人精神病理学，这一观念已经演变为一种坚定的信念，即任何困难的经历都有可能导致我们在日后需要接受心理治疗。

我们不仅在家里努力让孩子远离不良的心理体验，在学校也是如此。在小学阶段，每个孩子都会获得相当于“本周之星”的奖励——并非因为孩子取得了什么成就，这种奖励一般都按字母顺序轮流发放。每个孩子都被教育要警惕霸凌者，遇到霸凌事件时不要做旁观者，要挺身而出。在大学，教职员工和学生讨论引发不良反应的诱因和安全空间。

父母的养育和教育都受到了发展心理学和同理心的影响，这是一种积极的变化。我们应该认识到，每个人的价值并非取决于他取得的成绩，我们应当停止校园和其他任何地方的身体和情感暴力，创造安全的思考、学习和讨论的空间。

但我担心，他们的童年被过度净化，甚至达到了病态的程度，在一个相当于软壁病房的环境中抚养孩子，孩子不会受伤害，但与此同时，他们也无法为步入这个世界做好准备。

保护孩子免受逆境之苦，是否让他们对逆境产生了极度的恐惧？使用虚假的赞扬，规避现实世界的影响，以此来提升孩子的自尊，是否会让他们变得狭隘、自负，对自己的性格缺陷一无所知？满足孩子的所有欲望，这个时代是否在鼓励一个新的享乐主义？

在第一次会面时，凯文就向我分享了他的人生哲学。我必须承认当时我被吓坏了。

“我想干什么就干什么。如果我想待在床上，我就待在床上。如果我想玩电子游戏，我就玩电子游戏。如果我想吸一管可卡因，我就给毒品贩子发短信，他会顺路把可卡因捎给我，然后我就吸上一管。如果我想做爱，我就上网找人，跟她们见面，然后做爱。”

“结果怎么样，凯文？”我问。

“不太好。”有一瞬间，他看上去很羞愧。

在过去三十年里，我看到越来越多像戴维和凯文这样的患者，他们占尽了生活里的一切优势——能够提供支持的家庭、优质的教育、稳定的经济、良好的医疗条件，但他们却出现了退缩性焦虑、抑郁和身体疼痛等问题。他们不仅没有发挥自己的潜力，甚至连早上起床都做不到。

我们为了打造一个没有痛苦的世界而不懈努力，这也为医学实践带来了变革。

在 20 世纪之前，医生认为一定程度的痛感有益健康。19 世纪大多数外科医生都不愿意在手术中采用全身麻醉，因为他们认为疼痛能够增强免疫和心血管反应，加速身体的恢复。虽然据我所知，没有证据表明疼痛会切实地加速组织修复，但有新的证据显示，在手术中使用阿片类药物会降低组织的修复速度。

17 世纪的名医托马斯·西德纳姆（Thomas Sydenham）对于痛感的观点是："我认为……尽一切努力完全抑制疼痛和炎症反应是非常危险的……毫无疑问，让四肢产生适度的疼痛和炎症，这是大自然为了实现最明智的目的而使用的工具。"

相比之下，我们希望今天的医生能够消除所有疼痛，这才是富有同情心的治疗师应当发挥的作用。任何形式的疼痛都被视为危险的，不仅因为疼痛本身，还因为人们认为疼痛会留下永远无法愈合的神经创伤，激发大脑对未来可能产生的痛感做出反应。

大量让人感觉良好的处方药也能让我们看到疼痛范式的转变。如今在美国，超过四分之一的成年人和超过二十分之一的儿童每天都在服用精神治疗药物。

在世界各国，帕罗西汀、百忧解和西酞普兰等抗抑郁药的使用量都在增加，其中美国位居各国之首。超过十分之一的美国人（每1000人中有110人）服用抗抑郁药，其次是冰岛（106/1000）、澳大利亚（89/1000）、加拿大（86/1000）、丹麦（85/1000）、瑞典（79/1000）和葡萄牙（78/1000）。在25个国家中，韩国排名最末（13/1000）。

在短短四年时间里，德国的抗抑郁药使用量增加了46%，同一时间段内，西班牙和葡萄牙的抗抑郁药使用量增加了20%。虽然我们尚未统计过包括中国在内的其他亚洲国家的数据，但通过观察销量趋势可以推断，这些国家的抗抑郁药的使用量也在增加。在中国，2011年抗抑郁药的销售额达到26.1亿美元，比前一年增长19.5%。

2006年至2016年，美国兴奋剂处方（阿德拉、利他林）的数量翻了一番，其中还包括为五岁以下儿童所开的处方。2011年，在被诊断为注意力缺陷障碍的美国儿童中，三分之二的患儿都服用了兴奋剂。

苯二氮卓类镇静药物（阿普唑仑、氯硝西泮、安定）也具有成瘾性，或许是为了抵消服用兴奋剂所带来的影响，这类药物的处方量也在增加。1996年至2013年，美国服用苯二氮卓类药物的成年人数量增加了67%，从810万人增加到1350万人。

2012年，全美阿片类药物的处方量足以让每个美国人拥有一瓶药片。不仅如此，美国阿片类药物服用过量导致的死亡人数也已超过枪支或车祸造成的死亡人数。

如此一来，戴维认为他应该用药片来麻痹自己，似乎也不足为奇。

抛开这些逃避痛苦的极端案例不谈，事实上，哪怕只是轻微的不适感，我们也无法忍受。我们不断分散对当下的注意力，去寻求快乐。

正如阿道司·赫胥黎（Aldous Huxley）在《重返美丽新世界》（*Brave New World Review*）中所说："一个体量庞大的大众传媒行业，基本上它并不关心对错，而是关心些虚构的、几乎完全不着边际的东西……未能周全考虑到人对消遣的爱好乃是无穷无尽的。"

同样的，20 世纪 80 年代的经典著作《娱乐至死》（*Amusing Ourselves to Death*）的作者尼尔·波兹曼（Neil Postman）也写道："美国人不再彼此交谈，他们彼此娱乐。他们不交流思想，而是交流图像。他们争论问题不是靠观点取胜，而是靠中看的外表、名人效应和电视广告。"

我有一位名叫苏菲（Sophie）的病人，来自韩国，在斯坦福大学读本科，她因为抑郁症和焦虑症前来咨询。我们谈了很多事情，她告诉我，除了睡觉以外，其余时间她基本都要连着一个电子设备：刷 Instagram、看 YouTube 上的视频、听播客和音乐播放清单。

我建议她尝试走路去上课，路上什么也不要听，让自己的想法浮现在脑海中。

她用既怀疑又害怕的眼神看着我。

“为什么要这么做？”她问道。

“好吧，”我谨慎地斟酌语言，“这是一种熟悉自我的方式。你可以尽情地体会身体的感受，不要试图控制或逃避。用电子设备分散自己的注意力可能只会加重你的抑郁和焦虑，一直回避自己会让你精疲力竭。我想，如果用另一种方式去体会自我，也许你会产生新的想法和感受，并帮助你体会到与自己、与他人以及与世界的更深入的连接。”

她想了一会儿，然后说：“但这么做太无聊了。”

“是的，的确如此，”我说，“无聊不仅仅是乏味，它可能还会令人恐惧。它迫使我们直面有关意义和目的的大问题。但无聊也是一个发现和创造的机会。它为新思想的诞生提供了必要的空间，没有它，我们就要无休止地对周围的刺激做出反应，从而无法产生真切的体会。”

接下来的一周，苏菲尝试走路去上课，并在这个过程中不使用任何电子设备。

“一开始很难，”她说，“但后来我习惯了，甚至有点儿喜欢这种方式。我开始注意到那些树。”

成瘾是缺少自我关爱还是精神疾病？

回到戴维的故事上，用他自己的话说，他“整天吃药”。2005年他从大学毕业后就搬回家与父母同住。他曾想过去上法学院，于是参加了LSAT考试（法学院入学考试），成绩还不错，但想到要去申请，他又放弃了。

“我几乎一直坐在沙发上，内心积聚了对自己和世界的愤怒和怨恨。”

“你为什么生气？”

“我觉得自己浪费了本科的学习时间，没有学习我真正想学的东西。我的女朋友还在读书……她成绩很好，拿到了硕士学位，而我却在家里无所事事。”

戴维的女朋友毕业后在帕洛奥图（Palo Alto）找到一份工作。戴维跟随她去了那里，2008年二人结婚。戴维在一家科技初创公司找到了一份工作，那里有年轻聪明的工程师，他们很乐意拿出时间与戴维相互交流。

于是戴维重新开始编程，学习了他原本想在大学期间学习的所有内容，但他还是不敢去都是学生的房间。他被提升为软件开发者，每天工作十五小时，在工作之余每周跑步三十英里。

“为了做到这一切，”他说，“我服用了更多的阿德拉，不只是早上，而是一整天连续服药。早上醒来吃阿德拉。晚上回家，吃晚饭，然后吃更多阿德拉。吃药变成了我的生活常态。我还会喝大量咖啡。到了晚上，我需要睡觉，然后我就想：现在该怎么办？于是我又去找精神科医生，说服她给我开了安必恩。我假装不知道安必恩是什么，但其实我的母亲和几个叔叔都在长期服用这种药。在软件发布会之前，我还说服医生给我开了一点儿用于治疗焦虑症的劳拉西泮。从 2008 年到 2018 年，我每天服用 30 毫克的阿德拉、50 毫克的安必恩，以及 3 到 6 毫克的劳拉西泮。我想：我有焦虑症和注意力缺陷多动障碍，我需要用这些药物进行治疗。”

戴维将疲劳和注意力不集中归咎于精神疾病，而不是睡眠不足和过度刺激，他用这种逻辑来证明自己继续服药的合理性。多年来，我在许多患者身上都看到过类似的恶性循环：他们服用处方药或其他药物，企图弥补自我关爱的不足，然后将药物带来的问题归咎于精神疾病，因此又需要更多的药物。就这样，毒药变成了维生素。

我开玩笑地说：“你好像在吃 A 族维生素：阿德拉、安必恩和劳拉西泮。”

他笑着说：“我想你可以这么说。”

“你妻子或其他人知道这些情况吗？”

“不知道，没人知道，我妻子也不知道。有时候安必恩吃完了，我就会喝酒，或者吃了太多阿德拉的时候，我会发怒并对她大喊大叫。但除此之外，我把它藏得很好。”

“后来发生了什么事？”

“我厌倦了。厌倦了日日夜夜服用兴奋剂和安定剂的日子。我开始想结束自己的生命。我觉得这样就解脱了，其他人也会生活得更好。但我的妻子怀孕了，所以我知道，我必须改变。我告诉她我需要帮助，让她带我去医院。”

“她有什么反应？”

“她带我去了急诊室，当结果出来时，她感到很震惊。”

“为什么震惊？”

“因为那些药片，我正在吃的所有药。我所藏匿的药，以及究竟我藏了多少药。”

戴维被诊断为兴奋剂和镇静剂成瘾，被送进精神科住院病房。他一直待在医院，直到他戒掉了阿德拉、安必恩和劳拉西泮，并且放弃了自杀的念头。整个过程花了两周的时间。他出院回家，和怀孕的妻子住在一起。

我们都在逃避痛苦。有些人选择吃药，有些人选择窝在沙发里，一边上网冲浪一边在网飞（Netflix）上刷剧，还有一些人选择阅读爱情小说。我们总会做点儿什么将注意力从自己身上移开。然而，所有这些试图让自己远离痛苦的努力似乎只会让我们变得更加痛苦。

《世界幸福报告》（*World Happiness Report*）对 156 个国家的公民幸福感进行了排名。报告显示，2018 年美国居民的幸福感低于 2008 年。其他在财富、社会支持和预期寿命方面程度相近的国家，包括比利时、加拿大、丹麦、法国、日本、新西兰和意大利，居民自评的幸福指数也出现了下滑。

研究人员采访了二十六个国家的近十五万人，以确定广泛性焦虑障碍的患病率。广泛性焦虑障碍表现为过度且无法控制的担忧，从而对生活产生不利影响。研究人员发现，与落后贫穷国家相比，富裕国家的焦虑症发病率更高。作者写道：“与低收入或中等收入国家相比，这种疾病在高收入国家更加普遍，危害更大。”

1990年至2017年，全球抑郁症病例增加了50%。增速最快的是社会人口指数（收入）最高的地区，尤其是北美地区。

此外，有越来越多的人的身体出现了疼痛。在我的职业生涯中，我看到越来越多的患者，包括一些健康的年轻人，他们没有任何明确的疾病或组织损伤，但依然会感觉全身疼痛。这种无法解释的身体疼痛综合征的患病人数逐渐增加，类型也日益多样化：复杂的局部疼痛综合征、纤维肌痛、间质性膀胱炎、肌筋膜疼痛综合征、骨盆疼痛综合征等。

研究人员向全世界30个国家的居民提出以下问题和选项：“在过去四个星期里，你的身体是否感到过隐痛或疼痛？从来没有；很少；有时；经常；非常频繁。”调查结果显示，美国人感到身体疼痛的频率比其他任何国家都高。

34%的美国人表示他们“经常”或“非常频繁”地感到疼痛，而在中国，这一比例为19%，日本有18%，瑞士有13%，南非仅有 11%。

问题是：为什么在一个空前富裕、自由、技术先进和医疗发达的时代，我们却比以往更加不快乐，更加痛苦？

我们之所以如此痛苦，可能是因为我们一直在努力规避痛苦。

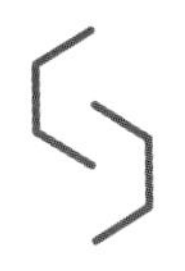

第 3 章

平衡快乐与痛苦

在过去五十年到一百年，神经科学的发展，包括生物化学的进步、新的成像技术和计算生物学的出现，为我们揭示了大脑基本的奖赏机制。充分了解支配痛苦和快乐的机制之后，我们就可以理解为什么过多的快乐反而带来了痛苦。

多巴胺

大脑的主要功能细胞被称为神经元。它们通过突触，借助电子信号和神经递质传递信息。

神经递质就像棒球，投手是突触前神经元，接球手是突触后神经元，投手和接球手之间的空隙是突触间隙。就像投手将球扔

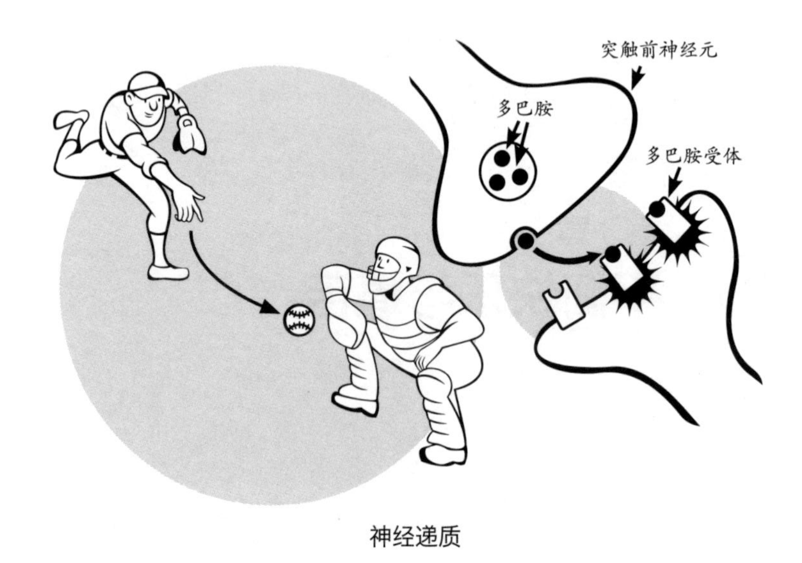

神经递质

给接球手一样，神经递质在神经元之间架起了桥梁：化学信使调节大脑中的电信号。

有很多重要的神经递质，但我们先将注意力集中在多巴胺上。

1957 年，两位独立科学家——瑞典隆德的阿维德·卡尔森（Arvid Carlsson）及其团队，以及住在英国伦敦附近的凯瑟琳·蒙塔古（Kathleen Montagu）——首次将多巴胺确定为人脑中的一种神经递质。卡尔森后来获得了诺贝尔生理学或医学奖。

多巴胺不是唯一参与奖赏过程的神经递质，但大多数神经科学家都认为，它是其中最重要的神经递质。多巴胺的主要作用不是让人们在获得奖励后感到快乐，而是驱动人们产生获得奖励的动机。它促进了“想要”，而不是“喜欢”。无法产生多巴胺的基因工程小鼠不会寻找食物，即使食物就在距离嘴边几英寸的地方，它们最后也会因饥饿而死。然而，如果将食物直接放进小鼠口中，它们也会咀嚼和吞咽食物，似乎吃得很开心。

尽管对于多巴胺在产生动机和快乐的作用上仍然存在争议，但它已被用来衡量一种行为或药物的成瘾可能性。一种药物使大脑奖赏回路（连接中脑腹侧被盖区、伏隔核与前额叶皮质的大脑回路）释放的多巴胺越多，释放速度越快，这种药物就越容易使人上瘾。

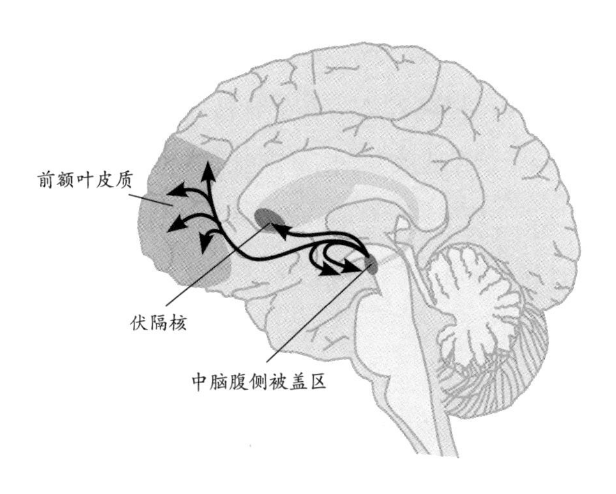

大脑中的多巴胺奖赏回路

也就是说，所谓的高多巴胺物质实际上并不含多巴胺，而是刺激大脑的奖赏回路释放多巴胺。

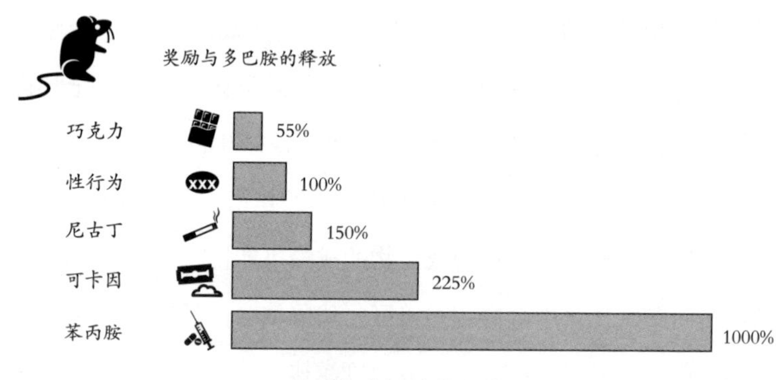

奖励与多巴胺的释放

对装在盒子里的大鼠进行研究发现，巧克力会使其大脑中多巴胺的基础分泌量提高 55%，性行为可以提高 100%，尼古丁提高 150%，可卡因提高 225%。街头毒品“快速丸”“冰毒”“沙雾”，以及用于治疗注意力缺陷障碍的阿德拉等药物的活性成分都是苯丙胺，它能使多巴胺的分泌量增加 10 倍（1000%）。根据这个比例计算，服用一次含苯丙胺的药物等于十次性高潮。

快乐与痛苦源自大脑的同一区域

除了有关多巴胺的发现以外，神经科学家们还发现，大脑中处理快乐的区域与处理痛苦的区域是重叠的，并通过对立过程发挥作用。换言之，快乐和痛苦就像一架天平的两端。

想象我们的大脑中有一架天平——中心有一个支点。当两端不放置任何东西时，天平处于平衡。当我们产生愉悦感时，大脑的奖赏回路释放多巴胺，天平向快乐的一侧倾斜。天平倾斜的幅度越大、速度越快，我们就会感到越快乐。

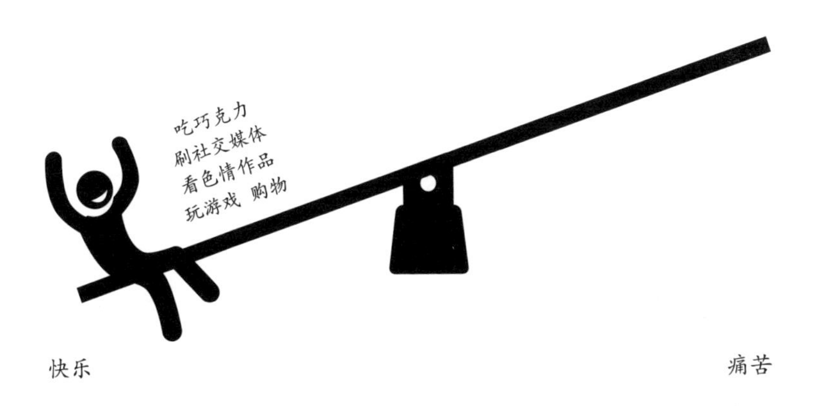

然而，天平最重要的一点在于，它希望保持水平，即处于平衡状态。它不想长时间地向这一边或那一边倾斜。因此，每当天平朝着快乐的方向倾斜时，强大的自我调节机制开始发挥作用，试图让天平回归平衡。这种自我调节机制不需要有意识的思考或意志力，它们更像一种本能反应。

我常常把这种自我调节系统想象成一只只小精灵，它们跳到天平的痛苦端，企图抵消快乐端的重量。这些小精灵体现了内稳态（homeostasis）的作用：任何生命系统都会试图保持生理平衡。

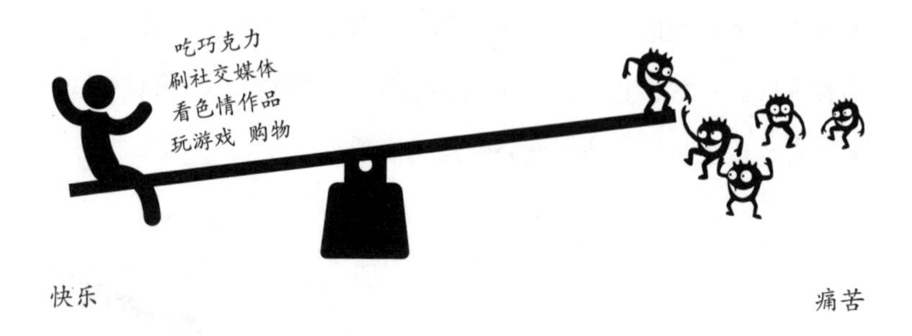

然而天平恢复水平后，它会继续向痛苦的一侧倾斜相同的幅度。

20世纪70年代，社会学家理查德·所罗门（Richard Solomon）和约翰·科比特（John Corbit）将这种快乐和痛苦的相互关系称为“对立过程理论”（opponent-process theory）：“任何长期或反复

偏离愉悦或情感的中立状态……都要付出代价。”这种代价是一种“后反应”(after-reaction)，它的作用与刺激物相反。或者套用一句老话：世事有起终有落。

事实证明，人体内的许多生理过程都由类似的自我调节系统控制。例如，约翰·沃尔夫冈·冯·歌德（Johann Wolfgang von Goete）和埃瓦尔德·赫林（Ewald Hering）等人证明了对立过程对颜色感知的控制作用。当观察者盯着一种颜色一段时间以后，他的眼中会自然而然地产生“相反”颜色的图像。比如长时间注视绿色，然后将视线转移到空白背景上，他会看到一个红色的余像。这是因为绿色感受器停止作用后，红色感受器迅速活跃起来。当绿色感受器兴奋时，红色感受器被抑制，反之亦然。

耐受性（神经适应）

快乐过后，我们常常会产生渴望。无论是伸手去拿第二片薯片，还是点击链接再玩一轮电子游戏，我们无非是想重新获得那些美好的感觉，或者尽量不让它们消失。简单的解决办法就是不停地吃，不停地玩，不停地看，不停地读。但这里面存在一个问题。

反复接受相同或类似的愉悦刺激后，向快乐端的倾斜幅度变得越来越小，持续的时间也越来越短，但向痛苦端的后反应变得越来越强，持续的时间越来越长，这个过程被科学家称为“神经适应”。也就是说，反复接受愉悦刺激后，小精灵变得更大、更快、更多，因此要获得同样的效果，需要更多的刺激。

需要更多的刺激才能有快感，或者同等剂量的刺激所带来的快感减少，这就是所谓的耐受性。耐受性是成瘾的一个重要因素。

对我来说，第二次读《暮光之城》也很愉悦，但没有第一次那么强烈的快感。到我第四次读这部小说的时候（没错，我把整个故事读了四遍），我的愉悦感已经显著下降。重读小说的快感从未达到首次阅读时的水平。此外，每次读完这本书后，我都产生了更强的不满足感，更加强烈地希望重新获得第一次阅读本书时的快感。我对《暮光之城》产生了“耐受性”，于是我被迫去寻找更新、更有效的替代品，试图重新获得最初的感觉。

在长期的、大剂量的刺激下，快乐和痛苦的天平最终会向痛苦的一侧倾斜。当我们感受快乐的能力下降，且更容易感受到痛苦的时候，我们的快感（快乐）的“设定点”就会发生变化。你可以将其想象成那些小精灵带着充气床垫和便携式烧烤架，开始在天平的痛苦一端安营扎寨。

在 21 世纪初，我开始敏锐地意识到高多巴胺成瘾物质会对大脑的奖赏回路产生这种影响，那时候有越来越多的患者来到诊所治疗慢性疼痛，他们都接受过长期的、大剂量的阿片类药物治疗（比如奥施康定、维柯丁、吗啡、芬太尼）。尽管长期服用高剂量的阿片类药物，但随着时间的推移，他们的疼痛反而变得更加严重。这是为什么呢？因为服用阿片类药物导致他们大脑中的快乐－痛苦天平向痛苦端倾斜。现在，他们原有的痛感进一步加重，过去不曾感觉到疼痛的身体部位也开始出现痛感。

大量的动物研究都发现并且证实了这种现象，它被称为“阿片类药物诱导的痛觉过敏”(opioid-induced hyperalgesia)。英语中的“Algesia”一词来自希腊语“algesis”，意思是对疼痛的感受力。此外，当这些患者逐渐减少阿片类药物的用量时，许多人的疼痛症状也得以改善。

神经科学家诺拉·沃尔科夫（Nora Volkow）及其同事发现，长期大量摄入高多巴胺物质最终会导致多巴胺不足。

沃尔科夫研究了两组人大脑中的多巴胺传递情况，一组是由健康人组成的对照组，一组是药物成瘾且停药两周后的患者。两组人的大脑影像令人震惊。在健康对照组的大脑影像中，大脑中与奖赏和动机相关的芸豆状区域显示为亮红色，表明多巴胺的神经递质活性水平较高。在药物成瘾且停药两周后的患者的大脑影像中，同一大脑区域几乎不显示红色，表明多巴胺传递较少或几乎没有。

沃尔科夫博士及其同事写道：“药物滥用者体内的多巴胺 D2 受体减少，此外多巴胺的释放量也在减少，从而降低了大脑奖赏回路对自然奖励刺激的敏感性。”一旦发生这种情况，任何事物都无法使人产生快感。

换句话说，多巴胺队的队员们放弃了比赛，带着球和手套回家了。

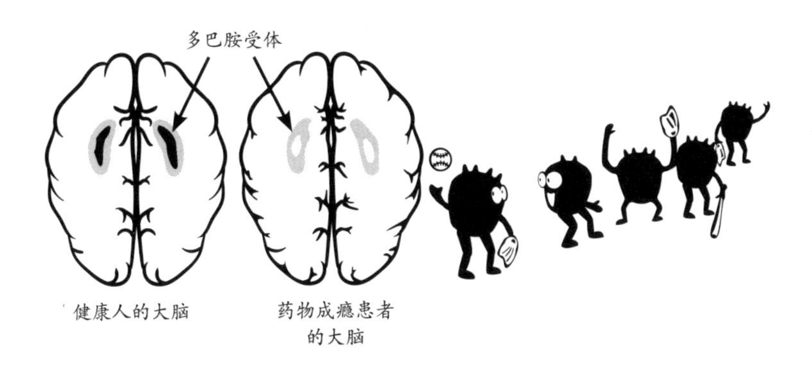

成瘾对多巴胺受体的影响

大约在两年的时间里，我一直在强迫性地阅读爱情小说，最终再也找不到一本我喜欢的书。就好像我的“小说阅读快乐中心”已经失灵，没有任何一本书能够让它复原。

矛盾的是，享乐主义，即纯粹地追求快乐，会导致快感缺失，即无法享受到任何形式的快乐。一直以来，阅读爱情小说都是我的主要快乐源泉，也是我用来逃避现实的主要方法，所以当这一方法不再奏效时，我感到震惊和悲伤。即便如此，我也很难戒掉爱情小说。

一些药物成瘾的患者向我描述了自己从服药到药物失效的过程。他们不再有任何快感，然而，如果停药，他们也会感到痛苦。无论哪一种成瘾物质，其戒断反应都是焦虑、易怒、失眠和烦躁。

人们之所以会在长时间的戒断后复发，是因为快乐－痛苦的天平倒向了痛苦一端，导致我们对成瘾物质产生渴求，只是为了恢复正常状态（让天平恢复平衡）。

神经科学家乔治·库布（George Koob）将这一现象称为“由烦躁导致的复发”，在这种现象中，恢复成瘾物质的使用不是为了获得快感，而是渴望减轻长期戒断所带来的生理和心理上的痛苦。

好消息是，如果我们能够耐心等待足够长的时间，大脑（通常）会重新适应没有该成瘾物质的状态，我们可以重新建立基本的内稳态：使天平达到水平。一旦天平实现了平衡，我们就可以再次从日常的、简单的奖励中获得快乐，例如散步，看日出，与朋友一起享受美食等。

人物、地点与事物

再次接触成瘾物质会触动快乐－痛苦的天平，除此以外，接触与该物质相关的线索也会触动天平。在匿名戒酒会（Alcoholics Anonymous）里，有一条描述这种现象的流行语："人物、地点与事物。"在神经科学领域，这种现象被称为线索依赖性学习，也就是经典（巴甫洛夫）条件反射。

1904年诺贝尔生理学或医学奖获得者伊万·巴甫洛夫（Ivan Pavlov）证明，当狗看到一块肉时，会本能地分泌唾液。如果每次为狗送肉的时候都会响起铃声，之后即使肉没有送到眼前，当狗听到铃声时依然会分泌唾液。这说明狗已经将肉块（自然奖励）与铃声（条件性线索）联系起来，大脑中发生了什么？

神经科学家将一根探针插入大鼠的大脑，发现在获得奖励（例如注射可卡因）之前，条件性线索（例如铃声、节拍声、光线）可以使大脑释放出多巴胺。在获得奖励前，大脑对条件性线索做出反应，迅速提升多巴胺水平，这就可以解释为什么我们知道好事将至时，会产生期待性快乐。

在条件性线索消失后，大脑的多巴胺水平不是回归到基线水平（在没有任何奖励的情况下，大脑也会释放一定量的多巴胺，以保持精神振奋），而是降低到基线水平以下。这种暂时的多巴胺不足会驱动我们继续寻求奖励。当多巴胺水平低于基线水平时，人们会产生渴求，继而通过有目的的活动来获取奖励。

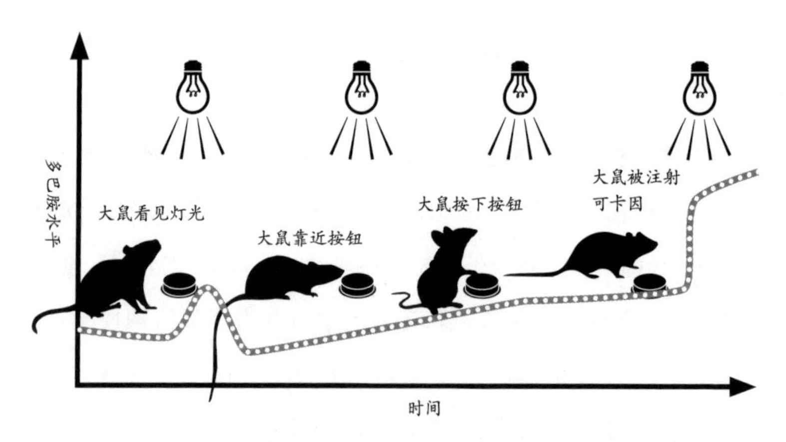

期待与渴求状态下的多巴胺水平

我的同事罗布·马伦卡（Rob Malenka）是一位受人尊敬的神经科学家，他曾对我说："要衡量一只实验动物的成瘾程度，可以看它愿意付出多大的努力来获取药物——按下杠杆，穿越迷宫，再爬上滑梯。"我发现人也是如此，况且我们的期待与渴求的循环可能发生于清醒的意识之外。

一旦得到了期待中的奖励，大脑分泌的多巴胺水平就会大大超过使人保持精神振奋的基线水平。但是，如果未能获得预期奖励，多巴胺水平就会远远低于基线水平。也就是说，当我们得到了预期奖励时，多巴胺水平的提升幅度会更高；当我们没有得到预期奖励时，多巴胺水平的下跌幅度也会更大。

我们都经历过期望未得到满足时所产生的失望之情。与获得意料之外的奖励相比，当期待中的奖励未能实现时，由此产生的

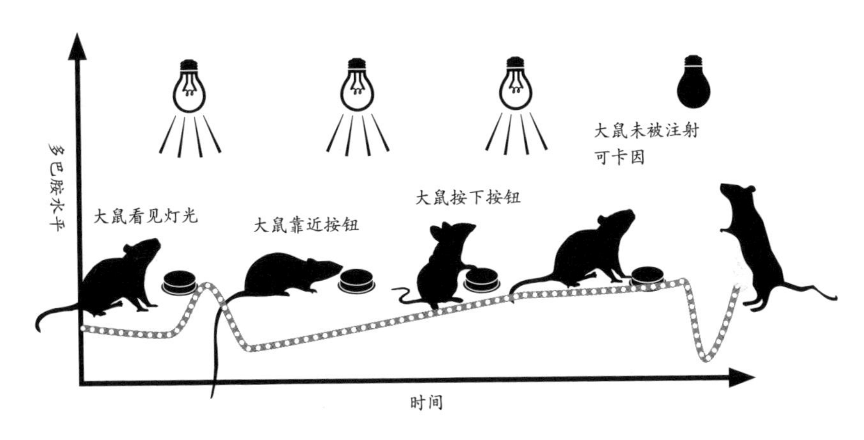

期待与渴求状态下的多巴胺水平

后果会更加糟糕。

那么线索诱导渴求如何影响我们的快乐－痛苦天平？在期待未来的奖励时，天平会向快乐的一侧倾斜（多巴胺水平小幅度激增），在线索消失后天平立即向痛苦的一侧倾斜（多巴胺水平出现微量不足）。多巴胺不足会让人产生渴求，并驱使人们去寻求刺激。

在过去十年中，科学家在寻找病态赌博的生物学原因方面取得了重大进展，因此，《精神障碍诊断与统计手册》（第五版）（*Diagnostic and Statistical Manual of Mental Disorders*）将赌博障碍重新归类为成瘾障碍。

研究表明，赌博所引起的多巴胺的释放与奖励发放的不可预测性以及最终的奖励内容（通常是金钱）有关。赌博的动机主要基于是否获得奖励的不可预测性，而不是基于经济收益。

在2010年的一项研究中，雅各布·琳内特（Jakob Linnet）与同事测量了赌博成瘾者与健康对照组在赢钱和输钱时的多巴胺分泌水平。当两组人都赢钱的时候，他们的多巴胺分泌水平没有明显差异；然而，与对照组相比，病态赌博者在输钱时的多巴胺水平显著升高。当输赢的概率几乎相同时（各占50%），即结果的不确定性达到最高点，奖赏回路中的多巴胺分泌量也达到了顶峰。

赌博障碍凸显了奖赏预期（获得奖励前大脑释放多巴胺）和奖赏反应（获得奖励时或获得奖励后大脑释放多巴胺）之间的微妙区别。一些赌博成瘾的患者告诉我，在赌博的时候，他们希望暂时输钱。开始输得越多，继续赌博的冲动就越强烈，再赢钱后的快感也越高——这种现象被称为“追逐损失”。

我认为社交媒体也存在类似的现象。在社交媒体的应用程序中，其他人的反应是反复无常且不可预测的，因此被点赞或取得类似成就的不确定性与“赞”本身一样具有强化作用。

大脑通过改变产生多巴胺的神经元的形状和大小，对奖励及其相关线索的长期记忆进行编码。例如，在高多巴胺奖励的作用下，树突，即神经元末端的细分支会变得更长、更多。这个过程被称为“经验依赖性神经可塑性”。这些大脑变化可能会持续一生，并在戒断成瘾物质后持续很长时间。

研究人员在一周时间里每天给大鼠注射等量的可卡因，并观察每次注射后大鼠的跑动状态，以研究摄入可卡因对大鼠的影响。注射可卡因的大鼠会奔跑着横穿笼子，而不是像正常大鼠那样在笼子边缘跑动。研究人员通过从笼子一端投射到另一端的光束来测量大鼠的跑动量。光束被切断的次数越多，说明大鼠的跑动量越大。

科学家们发现，在连续注射可卡因的一周内，大鼠第一天会生机勃勃地慢跑，到最后一天变为狂奔，说明经过累积后，大鼠对可卡因的作用的敏感性增强。

停止注射可卡因后，大鼠也会停止跑动。一年后——这是大鼠的一般寿命——科学家们又给大鼠注射了一次可卡因，大鼠立即跑动起来，其状态与最初实验的最后一天一样。

科学家们检查了大鼠的大脑，发现可卡因导致大鼠大脑的奖赏回路发生了变化，这些变化与持续的可卡因敏感化一致。这些发现表明，像可卡因这样的药物可以永久改变大脑。对酒精、阿片类药物和大麻等其他成瘾物质的研究也有类似的发现。

在临床工作中，我看到那些与严重成瘾问题作斗争的人，即使在戒断多年后，只要有一次接触，就会再度陷入强迫使用的状态。这可能源于患者对成瘾物质持续的敏感化，即对先前使用该物质的遥远回声。

学习也会增加大脑所分泌的多巴胺。与关在标准实验室笼具里的大鼠相比，在多样的、新颖的且充满趣味的环境中生存三个月的雌性大鼠的大脑奖赏回路中出现了富含多巴胺的突触的增殖。大脑对有趣且新奇的环境的反应，与高多巴胺（成瘾性）物质所引发的反应类似。

但是，如果在进入这种环境之前先为该大鼠注射兴奋剂（如具有高度成瘾性的甲基苯丙胺），就无法观察到此前在同一丰富环境下所能观察到的突触变化。这些发现表明，甲基苯丙胺限制了大鼠的学习能力。

好消息是，我的同事伊迪·沙利文（Edie Sullivan）是研究酒精对大脑影响的专家，她研究了成瘾治疗的过程，发现尽管成瘾导致了一些不可逆的大脑变化，但通过创建新的神经网络，可以绕过这些受损区域。这意味着，虽然大脑的变化是永久性的，但我们可以找到新的突触回路，从而形成健康的行为。

在未来，我们也有可能找到逆转成瘾损害的方法。文森特·帕斯科利（Vincent Pascoli）和同事为大鼠注射可卡因，验证了预期的行为变化（疯狂奔跑），然后利用光遗传学技术——一种利用光线控制神经元的生物技术，消除了可卡因所引起的大脑突触变化。也许有朝一日，光遗传学技术也能应用于人类大脑。

天平只是隐喻

在现实生活中，快乐和痛苦的相互关系比天平更加复杂。

甲之蜜糖，乙之砒霜。每个人都有令自己成瘾的物质。

快乐与痛苦可能会同时发生。例如，在吃到辛辣食物时，我们能够体验到痛并快乐的感觉。

有些人的天平一开始并不处于平衡状态：抑郁症、焦虑症和慢性疼痛症患者的天平起初都向痛苦的一侧倾斜，这或许可以解释为什么患有精神疾病的人更容易出现成瘾问题。

我们对痛苦（和快乐）的感官知觉在很大程度上受到我们对该感觉所赋予的意义的影响。

第二次世界大战期间，亨利·诺尔斯·比彻（Henry Knowles Beecher）（1904—1976）曾在北非、意大利和法国担任军医。他观察了 225 名在战场上身负重伤的士兵，并撰写了报告。

比彻对研究对象的挑选非常严格，只限于“男性，身负五种代表性重伤之一：大面积的周围软组织损伤、长骨复合骨折、头部被打穿、胸部被打穿或腹部被打穿……且神志清醒……在接受讯问时未出现休克”。

比彻发现了一个惊人的现象。这些重伤士兵中有四分之三的人表示，尽管伤势危及生命，但他们在受伤后几乎没有立刻感到疼痛。

于是他得出结论，这些士兵从情感上渴望逃离“一个极度危险的，令人疲惫不堪、痛苦、焦虑，且充满恐惧和死亡威胁的环境”，从而减轻了他们肉体上的痛感。肉体的痛苦只不过是给了他们“一张通往医院安全环境的门票”。

与之相对的是，1995 年发表在《英国医学杂志》（*British Medical Journal*）上的一份病例报告详细描述了一名 29 岁建筑工人的案例，他的脚踩在一枚 15 厘米长的钉子上，钉子穿透了他的脚和皮革，从工地靴的顶部伸出来。他被送入急诊室。“稍微移动一下钉子都疼痛不已，医生为他使用了芬太尼和咪达唑仑”，前者是强效的阿片类药物，后者是一种镇静剂。

然而，医生从鞋底拔出钉子并脱下他的靴子后，赫然发现“钉子从脚趾之间穿过：脚完全没有受伤”。

科学研究告诉我们，每一种快乐都是有代价的，随之而来的痛苦会更加持久和强烈。

如果我们长时间反复接受愉悦的刺激，那么我们忍受痛苦的能力就会降低，快乐的门槛也随之提高。

由于瞬时记忆和长时记忆，就算我们想忘记，也难以遗忘快乐和痛苦的经验：海马体为大脑刺上的“文身”可以持续一生。

在人类的进化过程中以及在不同的物种中，处理快乐和痛苦的古老神经机制在系统发生学上基本保持不变。它完全适应了物质匮乏的世界。如果没有快感，我们就不会吃、喝或繁衍。如果没有痛感，我们就无法保护自己免受伤害并避免死亡。反复体验快乐会提高我们的神经设定点，让我们成为无止境的奋斗者，永远不满足于已经拥有的，总是寻求更多。

但问题就在这里。人类作为终极追求者，非常善于追求快乐，规避痛苦。结果，我们把一个物资稀缺的世界变成了物资极其富足的地方。

但我们的大脑并没有因为这个富足的世界而进化。汤姆·菲纽肯（Tom Finucane）博士研究了长期只吃不动对糖尿病的影响。他说：“我们是雨林中的仙人掌。”就像适应了干旱气候的仙人掌一样，我们正在被多巴胺淹没。

最终的结果是，我们现在需要更多的奖励才能感受到快乐，而些微损伤都能使我们感到痛苦。这种重新校准不仅发生在个人层面，也发生在国家层面。它带来了一系列问题：我们如何在这个新的生态系统中生存和成长？我们该如何抚养孩子？作为 21 世纪的公民，我们需要哪些新思维和新的行为方式？

想知道如何克服强迫性过度消费，就必须向那些有过成瘾问题的人取经。千百年来，在不同文化中，成瘾者都被视为堕落的人、寄生虫、社会弃儿和道德败坏者而被避而远之，他们已经进化出了一种完全适合当代的智慧。

下面我们将讨论如何改善一个对奖励感到疲乏的世界。

第二部分

自我约束

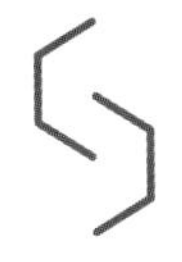

第4章 多巴胺戒断

“是父母让我来，我才来的。”黛利拉（Delilah）用美国青少年特有的闷闷不乐的声音说道。

“好吧，”我说，“你的父母为什么让你来找我？”

“他们觉得我吸了太多大麻，但我的问题是焦虑。我吸大麻是因为我焦虑，如果你能帮我缓解焦虑，那我就不需要大麻了。”

我感到了一阵巨大的悲伤。不是因为我不知道怎么帮她，而是因为我担心她不会接受我的建议。

“好吧，那我们现在开始，”我说，“先聊聊你的焦虑问题。”

黛利拉的四肢修长，动作优雅，她将双腿收到椅子下。

“那是从初中开始的，”她说，“后来几年变得越来越严重。早上醒来的第一个感觉似乎就是焦虑。只有抽一根电子烟我才能起床。”

“你吸电子烟？”

“是的，我现在吸电子烟。以前我也用过大麻烟卷和烟枪，白天用普通大麻，晚上睡觉前用印度大麻。但现在我喜欢浓缩的……大麻蜡、油、粉之类的。大部分时候我都用笔型电子烟，但有时也会用 Volcano 雾化器……我不喜欢大麻食物，但在吸烟的间隙或不能吸烟的紧急情况下，我也会吃。”

D 代表数据

我鼓励黛利拉多讲讲她的“笔型电子烟”，进而使她回想起日常吸食大麻的真实细节。我与她的对话建立在我这些年所开发出的一个框架之上，我一直用这个框架与患者讨论强迫性过度消费的问题。

这个框架很好记，因为它的首字母缩略词正好是 DOPAMINE（多巴胺）。它不仅适用于酒精和尼古丁等常见的成瘾物质，也适用于我们长期摄入过多的高多巴胺物质或行为，哪怕只是为了与这些物质或行为建立一个不那么折磨人的关系。虽然最初开发这个框架是出于工作的需要，但后来我也将其应用于自身，以及消化自己的不良习惯。

DOPAMINE 框架中的 D代表数据（Data）。

我的第一步是收集使用成瘾物质的简单事实。在黛利拉的案例中，我了解了她所使用的物质、用量以及使用频率。

说到大麻，黛利拉描述了令人眼花缭乱的产品类型和摄入方法，这些都是我现在的患者的标准配置。他们来找我的时候，很多人都称得上是“大麻博士”了。他们从早上睁开眼的那一刻起就开始吸食大麻，整整吸一天，直到上床睡觉。这与 20 世纪 60 年代形成了鲜明的对比，那时候人们一般只在周末娱乐的时候才用点儿大麻。从很多层面上来说，当前的情况都令人忧心忡忡，其中最重要的一点是，日常使用大麻已经带来了成瘾的问题。

就我自己而言，当我连续数天每天都要花好几个小时阅读爱情小说的时候，我开始怀疑自己正在跌入一个危险的地带。

O 代表目的

“大麻有什么用？”我问黛利拉，“给你带来了什么帮助？”

“这是唯一能缓解焦虑的东西，”她说，“没有它，我什么都做不了……我的意思是比现在更加无能。”

我让黛利拉说出大麻产生的作用，是在确认大麻的确为她带来了正面的帮助，否则她不会一直吸食大麻。

DOPAMINE 框架中的 O 代表使用的目的（Objectives）。

即使是看似不合理的行为也有符合其个人逻辑的原因。人们使用高多巴胺物质或做出高多巴胺行为的原因多种多样：娱乐、融入、解闷，以及缓解恐惧、愤怒、焦虑、失眠、抑郁、注意力不集中、疼痛、社交恐惧等诸多问题。

我之所以沉溺于爱情小说，是为了逃避从养育幼儿到抚养青少年的过渡，这个过渡对我来说十分痛苦，我不知道该如何与已经成长为青少年的孩子相处。同时，我希望借此缓解孩子长大成人给我带来的伤感，我希望再抚育一个婴儿，但我的丈夫却不想，我们的婚姻关系和性生活陷入了前所未有的紧张之中。

P 代表问题

“吸大麻有什么坏处吗？有没有带来什么意外的后果？”我问。

“唯一的坏处，”黛利拉说，“就是父母总是盯着我。如果他们能不管我，那么吸大麻就没有任何负面影响了。”

我停了下来，注意到阳光洒在她的头发上，闪闪发亮。尽管每天摄入一克以上的大麻，但她仍然健康如初。我想，青春可以弥补很多东西。

DOPAMINE 框架中的 P 指的是使用成瘾物质所带来的问题（Problems）。

高多巴胺药物总会引发问题：健康问题、关系问题、道德问题。就算一时半会儿安然无事，但负面的影响终会显现。黛利拉还没有看到负面影响——除了她和父母之间日益加剧的冲突——这是青少年的典型特征……但这种特点不仅限于青少年。导致这种现象的原因有很多。

首先，当我们还在使用成瘾物质的时候，大多数人都看不到它所带来的全部后果。高多巴胺物质和行为使我们难以准确评估因果关系。

神经科学家丹尼尔·弗里德曼（Daniel Friedman）研究红胸收获蚁的觅食行为，他告诉我："在这个世界上，人们主要依赖感觉，而不了解因果关系。"也就是说，我们知道甜甜圈很美味，但我们不太清楚的是，每天吃一个甜甜圈，一个月后我们的体重就能增加 5 磅。

其次，年轻人即使严重成瘾，可能也不易受到负面后果的影响。有一位高中老师对我说："一些优等生每天都会吸食大麻。"

然而，随着年龄的增长，长期使用成瘾物质所带来的后果会成倍增加。大多数自愿前来接受治疗的患者都是中年人。之所以来找我，是因为他们已经到达了一个临界点，即成瘾物质所带来的弊开始大于利。正如他们在匿名戒酒会里所说："我厌倦了生病和疲倦。"相比之下，青少年患者既不生病也没有感到疲倦。

即便如此，当青少年还在使用成瘾物质的时候，让他们看到由此所带来的一些负面后果，哪怕这个后果只是令其他人厌恶，也可以成为让他们停止使用的杠杆点。戒掉它，即使只是戒断一段时间，都能让他们看清楚真正的因果关系。

A 代表戒断

我对黛利拉说：“我知道怎么做会对你有所帮助，但可能有一点难。”

“怎么做？”

“我想让你做个实验。”

“实验？”她将头歪向一边。

“我想让你尝试戒掉大麻一个月。”

她的脸上没有浮现出任何表情。

“我来解释一下。首先，当你吸食大量大麻的时候，治疗焦虑症的手段可能无法发挥效力。更重要的是，如果一个月都不碰大麻，你的焦虑症可能会自行好转。当然，一开始你会出现戒断反应，感觉更加痛苦。但是，如果你能挺过前两个星期，那么到了后两个星期，你会感觉越来越好。”

黛利拉沉默不语，于是我继续说下去。我向她解释，所有像大麻这样能够刺激大脑奖赏回路的物质，都有可能改变大脑焦虑的基线水平。我们感觉大麻好像可以治疗焦虑，但实际上，它可能只是缓解了暂时吸不到大麻所产生的戒断反应。大麻是导致焦虑的原因，而不是治疗方法。唯一能够缓解焦虑的方法就是一个月不碰它。

“我能不能先戒一个星期？”黛利拉问道，“我以前也这么干过。”

“一个星期也可以，但根据我的经验，重置大脑奖赏回路所需的最短时间一般是一个月。如果戒掉大麻四个星期后，你并没有感觉越来越好，那么这也是一项有价值的数据。它意味着大麻并没有导致奖赏回路的改变，我们需要考虑其他可能性。那么你认为呢？你愿不愿意试一试？”

“嗯……我想我现在还没准备好戒掉大麻，也许以后会。但我肯定不会永远像现在这样吸大麻。”

“未来十年你还想像现在这样吸大麻吗？”

“不，不行，绝对不行。”她使劲摇了摇头。

“未来五年呢？”

“不，五年也不行。”

“那么一年呢？”

黛利拉沉默了，随后她轻声笑了起来。“我想你把我难住了，医生。如果我不希望一年后还像现在这样吸大麻，那我最好现在就把它戒掉。”

她看着我，微笑道：“好吧，就这么干吧。”

我让黛利拉从未来的角度思考当下的行为，希望她能意识到戒掉大麻的紧迫性。这个方法似乎奏效了。

DOPAMINE 框架中的 A 指的是戒断（Abstinence）。

戒断成瘾物质是恢复内稳态的必要条件，它能让我们从较小的奖励中获得快乐，也能让我们看到使用成瘾物质和自身感受之间真正的因果关系。从快乐－痛苦的天平来看，多巴胺戒断可以让小精灵有足够的时间跳出天平，从而使它回到水平位置。

问题是：人们需要多长时间才能体验到戒断成瘾物质对大脑的好处？

回想一下神经科学家诺拉·沃尔科夫的影像学研究，该研究表明，在戒断药物两周后，多巴胺的水平仍然低于正常水平。她的研究与我的临床经验一致，即两个星期的戒断是不够的。在这两个星期里，患者通常还处在脱瘾期，仍处于多巴胺缺乏状态。

另外，四个星期通常就足够了。马克·舒克特（Marc Schuckit）和他的同事研究了一组每天大量饮酒的男性，他们也符合临床抑郁症或所谓的重性抑郁障碍的标准。

舒克特是圣迭戈州立大学（San Diego State University）实验心理学教授，他证明了“嗜酒者”的亲生儿子与没有这种遗传负荷的人相比，患酒精使用障碍的遗传风险有所增加，这项研究成果令他声名鹊起。在 21 世纪初的一系列关于成瘾的会议上，我有幸向这位天才教授请教。

在舒克特的研究中，抑郁症患者住院四周，其间除了停止饮酒外，没有接受任何抗抑郁的治疗。戒酒一个月后，80% 的人不再符合临床抑郁症的诊断标准。

这一发现表明，对大多数人来说，临床抑郁症是酗酒的结果，而非同时发生的抑郁障碍。当然，对这些结果还有其他的解释：医院的治疗环境、自发缓解、抑郁症的偶发性质（即抑郁症的发生与消失和外部因素无关）。但是，抑郁症的标准治疗方法，无论是药物治疗还是心理治疗，反应率都是 50%，这一发现引人注目。

当然，我也见过一些患者不到四个星期就能重置大脑的奖赏回路，还有一些患者则需要更长的时间。那些长期大量使用强效药物的人所需要的时间往往也更长。年轻人比年长者的重置速度更快，因为他们的大脑可塑性更强。此外，身体上的戒断反应会因成瘾物质的差异而有所不同。像电子游戏这类成瘾物质，戒断反应可能比较轻微，但对于酒精和苯二氮卓类药物，戒断反应可能会威胁生命。

这为我们带来了一个重要的警告：对于一些严重依赖酒精、苯二氮卓类药物（阿普唑仑、氯硝西泮、安定）或阿片类药物的患者，突然停止服药可能会危及生命，因此我从不建议这类患者尝试多巴胺戒断。他们需要在医学监测下逐渐减少成瘾物质的用量。

有时，患者会问我：是否可以用一种物质替换另一种物质？例如把大麻换成尼古丁，用色情作品代替电子游戏。但这不是长久之计。

任何足以战胜小精灵并将天平向快乐一端倾斜的奖励都可能使人成瘾，从而导致人们用一种成瘾取代另一种成瘾（交叉成瘾）。任何效力不足的奖励都无法让人产生获得奖励的感觉，因此，当我们使用高多巴胺奖励时，我们失去了享受普通快乐的能力。

多巴胺戒断对少数患者（约 20%）没有效果。这也是很重要的数据，说明成瘾物质并不是精神症状的主要诱因，患者可能同时患有精神障碍，需要进行相应的治疗。

即使多巴胺戒断发挥了作用，如果患者同时患有精神障碍，也应该同时接受相应的治疗。在解决成瘾问题时，如果不同时治疗其他精神障碍，往往会导致两者的治疗效果都不佳。

尽管如此，为了理解成瘾物质的使用与精神症状之间的关系，我需要患者在足够长的一段时间内停止接受高多巴胺刺激，以观察他们的反应。

M 代表正念

“我希望你做好准备，”我对黛利拉说，“在情况改善之前，你可能会有一段时间感到非常痛苦。也就是说，戒掉大麻后，一开始你的焦虑感会变得更加严重。但请记住，并不是离开大麻就会产生焦虑，这只是戒断导致的焦虑。随着时间的推移，情况会逐渐好转。一般患者表示在两周左右出现转折点。”

“好吧。那这段时间我该怎么办？你能给我开点什么药吗？”

“我给不了你任何既能消除痛苦又不会成瘾的东西。因为我们不想用一种成瘾物质来替换另一种，你能做的就是忍受痛苦。”

黛利拉倒吸了一口气。

“是的，我知道，这很艰难。但这也是一个机会，你可以借此观察剥离了思想、情绪和感觉（包括痛感）的自己。我们有时将这种方法称为‘正念’。”

DOPAMINE 框架中的 M 指的是正念（Mindfulness）。

我们现在动不动就会抛出“正念”这个词，以至于它已经丧失了原有的部分含义。正念从佛教的禅修中演变而来，西方国家采用了这一概念，并将其改编为一种人人都可以练习的健康方法。它已完全渗透进了西方意识中，以至于现在连美国的小学生都在学习正念。那么，正念到底是什么呢？

正念只是一种在大脑活动时不加评判地观察该活动的能力。实际操作起来并不容易，因为我们用来观察大脑的器官就是大脑本身。很奇怪吧？

我仰望夜空中的银河系，它看上去距离我们如此遥远，仿佛与我们毫无关系，然而我们却是它的一部分，这个神秘的事实总能让我惊愕不已。正念练习有点类似于观察银河系：我们需要让自己的思想和情感与自己分离，但同时它们又是我们的一部分。

此外，大脑内可能会发生一些非常奇怪的活动，其中一些令人尴尬，因此我们需要对当下的一切不做任何判断。不做判断对正念练习非常重要，因为一旦我们开始谴责大脑的活动——哎哟！我为什么要考虑这个？我是个失败者。我是个怪胎——我们就无法进行观察。保持在观察者的位置上，我们才能以一种全新的方式去了解大脑和我们自己。

记得 2001 年的时候，我抱着刚出生的宝宝站在厨房里，眼前浮现出一幅画面：我将婴儿的脑袋撞在冰箱或厨房的柜台上，看着它像一个鲜嫩的甜瓜一样爆开。这个画面转瞬即逝，却栩栩如生，要不是我经常进行正念练习的话，恐怕需要用尽全力才能无视这个画面。

一开始我吓坏了。作为一名精神科医生，我曾经治疗过一些母亲，精神疾病导致她们认为必须杀死自己的孩子才能拯救世界。其中一位母亲将这种想法付诸实践，至今回想起这件事，我仍然会感到悲伤和遗憾。因此，当我的眼前浮现出伤害自己的孩子的画面时，我怀疑自己是否也成为了她们中的一员。

但我谨记要不加判断地进行观察，于是我跟随这幅画面和感觉的引导，发现我并不是想打破宝宝的头；相反，我非常担心宝宝的头部会被撞伤。这种恐惧具象成了画面。

我没有责怪自己，而是对自己表示同情。作为一个新手母亲，我正在努力承担巨大的责任，同时我也在努力理解照顾这样一个无助的、完全依赖我保护的生命意味着什么。

正念练习在戒断的早期尤为重要。我们中的许多人都会利用高多巴胺物质和行为来分散自己的注意力。当我们开始停止利用多巴胺逃避现实的时候，那些痛苦的想法、情绪和感觉全都扑面而来。

应对的诀窍是不要逃避痛苦的情绪，而是让自己去忍受它们。如果能做到这一点，我们将获得一种全新的、出乎意料的充实体验。痛苦依然存在，但在某种程度上它已经发生了改变，似乎并不完全属于我们自己，而是具有了集群性。

在我停止阅读爱情小说的最初几个星期里，我被一种存在主义的恐惧所笼罩。晚上我躺在沙发上，如果是以前，我会伸手去拿一本书或者做一些能够分散注意力的事情，但现在我将双手交叉放在肚子上，试图让自己放松下来，内心却充满了恐惧。这样一个对日常生活的微小改变，竟然让我产生了如此严重的焦虑感，这令我惊讶不已。

随着时间的推移和不断的练习，我感到自己的精神边界逐渐得到了扩展，意识逐渐开放。我开始意识到，我不需要持续分散自己对当下的注意力。我可以活在当下，忍受当下，也许会有更多的体会。

I代表洞悉

黛利拉同意一个月不碰大麻。当她再来找我的时候，她看上去容光焕发，耷拉着的肩膀也挺直了，原本闷闷不乐的样子已经被灿烂的笑容所取代。她大步流星地走进我的办公室，坐在椅子上。

“嘿，我做到了！你肯定不相信，医生，但我的焦虑消失了。消失了！”

“告诉我发生了什么事。”

“开始几天感觉很糟糕。我觉得很不舒服。第二天我就吐了。真是疯了！我从来没有呕吐过。我有一种非常恶心的感觉。那时候我意识到我正在戒大麻，这激励我继续坚持下去。”

“为什么这能激励你？”

“因为这是我第一次发现，我真的上瘾了。”

“那之后的情况怎么样？你现在感觉如何？”

“好多了。哇，我的焦虑减轻了，效果相当明显。甚至连焦虑这个词都没有再出现在我的脑海里。过去它整天盘踞着我的大脑。我的头脑变清醒了。我不必担心父母闻到大麻的味道然后大发雷霆。在学校里也不感到焦虑了。我不再偏执和疑神疑鬼……这些都消失了。以前我要花很多时间和精力为下一次吸大麻做准备，然后匆匆忙忙地吸上一支。现在不必再这么做了，真是松了一口气。现在我在存钱。我发现我更喜欢在清醒的状态下做一些事情……比如家庭活动。”

“说实话，以前我不认为大麻有什么问题，真的。但现在我戒掉了，我才意识到大麻引发了焦虑，而不是缓解焦虑。我吸了五年大麻，从未间断，却没有意识到它对我造成的影响。这令我感到震惊。”

DOPAMINE 框架中的 I 指的是洞悉（Insight）。

在临床治疗和我自己的生活中，我一次又一次地看到，停止接受令我们成瘾的刺激，只需四周的时间，我们就能对自己的行为有清晰的认识。但在持续使用成瘾物质的时候，我们不可能产生这样的认识。

N 代表下一步计划

在与黛利拉的谈话即将结束的时候，我问她下个月有什么目标。

“你有什么想法？”我说，“下个月继续保持，还是重新开始吸大麻？”

“保持清醒，”黛利拉说，“我从来没有感觉这么棒过。”

我细心品味着这一刻。

“但是，”她说，“我还是非常喜欢大麻，我怀念它给我带来的那种充满创造力的感觉以及那种解脱的感觉。我不想完全戒掉大麻。我想重新用它，但不是以前那种方式。”

DOPAMINE 框架中的 N 指的是下一步计划（Next Steps）。

到了这一步，我会问患者在戒断一个月后想做什么。绝大多数患者能够做到戒断一个月，并且体会到由此带来的好处，但他们仍然想继续使用成瘾物质，只不过要采用和以前不同的方式，主要是减少用量。

在成瘾的治疗上一直存在一个争议，以成瘾性方式使用一种物质的人是否可以继续以适度的、无风险的方式使用该物质。匿名戒酒会几十年来的经验告诉我们，戒断是成瘾者的唯一选择。

但新出现的证据表明，一些过去符合成瘾标准的人，尤其是那些成瘾程度较轻的人，可以继续有节制地使用他们喜欢的东西。我的临床经验也验证了这一点。

E 代表尝试

DOPAMINE 框架中最后一个字母 E 指的是尝试（Experiment）。

此时，患者将重新回归外面的世界，他们已经形成了一个全新的多巴胺设定点（使快乐与痛苦达到平衡的多巴胺水平），也制订了维持该多巴胺水平的计划。无论目标是戒断还是像黛利拉一样有节制地使用，我们都会共同制定实现目标的策略。通过一个循序渐进的尝试和试错过程，我们将知道哪些策略有效、哪些策略无效。

如果不向患者提出适度使用的策略，那就是我的失职，因为这可能会给患者，特别是重度成瘾者造成适得其反的结果，使他们在戒断一段时间后突然复发，并进一步增加成瘾物质的使用量，这种现象被称为“破堤效应”（abstinence violation effect）。

对成瘾有遗传易感性的大鼠在戒酒两周到四周后，一旦再次接触到酒精，就会出现酗酒现象，并持续大量饮酒，好像从未戒过酒一样。在对高热量食物成瘾的大鼠身上也观察到了类似的现象。在对强迫性消费遗传易感性较低的大鼠和小鼠身上，这种现象较不明显。

在动物研究中存在一个尚未解决的问题，即这种戒断后的放纵是否仅限于能够产生热量的物质，如食物和酒精，而不存在于可卡因等无热量的物质中；或者说，导致这种现象的驱动因素是否为大鼠自身的遗传易感性。

即使可以采用适度使用的策略，许多患者也告诉我，该方法令他们筋疲力尽，无法持续下去，最终他们都选择了长期戒断。

但是对食物、智能手机或者那些不能完全戒断的物质成瘾的病人呢？

在现代生活中，如何做到“适度”已成为越来越重要的问题，因为高多巴胺商品无处不在，导致人们更加容易陷入强迫性过度消费，即使尚未达到成瘾的临床标准。

此外，随着智能手机等数字化成瘾物质逐渐深入日常生活的方方面面，为自己和孩子寻找一种适度使用的方法已成为当务之急。因此，接下来我将介绍一些自我约束策略。

但在讨论自我约束之前，让我们先回顾一下多巴胺戒断的步骤，其最终目标是恢复天平的平衡（内稳态），并使我们重新获得以不同形式体验快乐的能力。

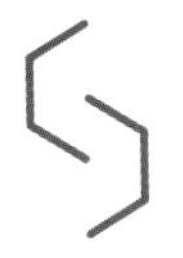

第 5 章
自我约束策略

2017 年秋天，在戒除强迫性性行为一年后，雅各布复发了。当时他六十五岁。

导火索是全家前往东欧探亲。一路上，他的现任妻子与他前妻所生的几个孩子矛盾不断——无非是钱和利益分配这类老生常谈的话题。

这趟旅程为期三个星期，上路两周后，孩子们非常不满，因为当他们向雅各布要钱时，雅各布不给。雅各布的妻子也很生气，因为他竟然考虑要给前妻生的孩子们钱。雅各布不想让任何人失望，结果却让所有人都感到失望。

他从国外给我发来电子邮件。邮件上说，他在苦苦挣扎，他就快要复发了。我通过电话为他进行了辅导，告诉他一到家就来找我。返回美国一周后，他走进了我的办公室，但为时已晚。

“酒店房间里的电视让我又产生了渴求，”他说，“我想看美国网球公开赛。我躺在那里浏览着各个频道，内心非常沮丧。我在考虑我的家庭、我的妻子，想到每个人都在生我的气。我在电视上看到一个裸体女人。在看电视之前，我一直都很好，没有那种冲动。我犯的最大错误就是打开电视的时候，我产生了重新拾起那个旧习惯的念头，我克制不住这些想法。”

“后来发生了什么事？”

“星期二，我回到家，没有去上班。我待在家里看 YouTube。我看到了人体彩绘……人们在彼此的裸体上绘画。我想这是一种艺术。星期三，我再也忍不住了。我出去购买了零件，再次做了一台机器。”

“那种电刺激仪？”

“是的，”他悲哀地说，几乎不敢直视我的眼睛，“问题是，一旦开始以后，你可能会在很长一段时间里心醉神迷，好像进入了一种催眠的状态。这是一种解脱。我什么都不用想。我连续用了 20 个小时。星期三一整天都在用，直到晚上。星期四的早上，我把机器零件扔进垃圾桶，然后回去工作。星期五的早上，我又把它们从垃圾堆里捡回来，重新组装好，接着又用了一整天。星期五晚上，我给我的教父打了电话。星期六，我参加了性成瘾匿名互助协会（Sexaholics Anonymous）的会议。星期天，我又把零件从垃圾堆里捡了回来，继续用了起来。然后又到了星期一。我想停下来，但我做不到。我该怎么办？”

我告诉他："把机器和所有的零部件整理打包，全部放进垃圾桶里。然后把这些垃圾扔进垃圾场或者其他你不可能再将它们捡回来的地方。"他点头表示理解。"然后，当你产生了那种想法、冲动或渴求的时候，就跪下来祈祷。祈祷吧，请求上帝帮助你，但是要跪着祈祷。这很重要。"

我将现实世界与形而上学融合在一起。对我来说，事物没有高低之分。当然，让他祈祷违反了一些不成文的规则。医生不谈上帝。但我相信信念的力量，我的直觉告诉我，这么做能够引起雅各布的共鸣，因为他是罗马天主教徒。

让他跪下祈祷是为了使身体参与进来，从而切断迫使他使用的强烈欲望。或者说，也许我发现他有更深层次的需求，他需要表现出自己的服从性。

我说："祈祷完后，站起来给你的教父打电话。"他又点了点头。

"噢，原谅自己吧，雅各布。你不是坏人，只是遇到了一些问题，就和我们其他人一样。"

雅各布扔掉机器的行为就是自我约束。通过这种方式，我们有意并且自愿地在自己和我们的"心爱之物"之间制造障碍，以缓解强迫性过度消费的问题。从根本上来说，自我约束靠的不是意志力，虽然个体能动性的确发挥了一定的作用。相反，自我约束承认了个人意志的局限性。

有效自我约束的关键是，首先承认我们会在强烈的欲望下丧失自主性，然后在我们尚有自主选择能力的时候来约束自己。

当强烈的欲望袭来时，寻求快乐和/或规避痛苦的本能冲动几乎无法抑制。在欲望中挣扎的时候，我们没有做决定的余地。

但是，在自己和我们的心爱之物之间制造有形的障碍，就可以在欲望和行动之间按下暂停键。

此外，自我约束已成为现代人的必需品。对香烟征税，限制饮酒的最低年龄以及立法禁止私藏可卡因，这些外部规则和制裁有其必要性，但在当代，人们几乎可以无限制地获得各种各样的高多巴胺商品，单靠这些规则和制裁远远不够。

多年来，我的病人一直在向我讲述他们的自我约束策略。后来，我开始将它们记录下来。我将从患者身上学到的策略加以利用，为其他患者提供建议。我给雅各布的建议——将机器扔到一个距离自己很远的垃圾场里，这样他就无法再捡回来——就是这么来的。

我问患者："你设置了哪些障碍，使你难以获得你的成瘾物质？"我甚至在自己的生活中也用自我约束的方法来解决强迫性过度消费的问题。

自我约束策略可以分为三大类：物理策略（空间）、时间策略（时间）和分类策略（意义）。

接下来你将看到，自我约束并不是万无一失的，尤其是对那些严重成瘾者来说。它也可能受到自欺欺人、欺骗和伪科学的影响。

但这是一个有效且必要的起点。

物理策略

古希腊诗人荷马（Homer）笔下的英雄奥德修斯（Odysseus）在特洛伊战争结束后的归乡途中，遭遇了许多危险，第一个是塞壬（Sirens），这些人首鸟身的怪物会用迷人的歌声诱使过往的水手们失神，然后撞上附近岛屿的岩石峭壁而死。

水手们安全通过塞壬身边的唯一方法就是不要聆听他们的歌声。奥德修斯命令船员将蜂蜡塞进耳朵，并将他自己捆绑在帆船的桅杆上，如果他请求松绑或试图挣脱，就把他绑得更紧。

这个著名的希腊神话表明，自我约束的方式之一是在自己与令我们成瘾的物质之间制造物理性障碍和 / 或地理距离。我的病人告诉我以下几个例子："我拔掉了电视插头，把它放进衣橱里。""我把游戏机扔进了车库。""我不用信用卡，只用现金。""我事先打电话给酒店，要求他们拆除迷你吧。""我事先打电话给酒店，要求他们拆除迷你吧和电视。""我把 iPad 放在美国银行的保险箱里。"

我的患者奥斯卡（Oscar）已经七十多岁，他的体态圆胖，博学多才，声音洪亮，喜欢自言自语，以至于把群体治疗搞得一团糟，不得不退出。他有一个习惯，在书房工作时，在车库里修修补补时，在花园里劳作时，总要喝得酩酊大醉。

通过反复尝试，他发现，要预防这种行为，必须把家里所有的酒都处理掉。他将屋内所有的酒都锁在一个文件柜里，只有他的妻子有钥匙。通过这种方法，奥斯卡成功戒酒多年。

但需要注意的是，自我约束并非万无一失。有时障碍本身反而激起了人们的挑战欲。寻找获取成瘾物质的途径也增加了成瘾物质的吸引力。

一天，奥斯卡的妻子出城了，临走前她将一瓶昂贵的葡萄酒锁在一个文件柜里，并带走了钥匙。在她离开的第一个晚上，奥斯卡开始思考那瓶葡萄酒，他知道酒就在那里。这种想法就像一个有形的实体一样侵入了他的意识。这种感觉并不痛苦，只是令人烦躁。他对自己说："只要去看一眼，确保酒都锁好了，那么我就不会再想它了。"

他走进妻子的书房，拉开抽屉。令他惊讶的是，抽屉被拉开了半英寸，他可以看到那瓶酒就直立在文件之间。半英寸的空隙不足以将瓶子拿出来，但奥斯卡可以看到酒瓶上的软木塞，就是够不着，只能干着急。

他站在那里，凝视着漆黑的抽屉整整一分钟，目光始终没有离开酒瓶。一方面他想关上抽屉，另一方面他又忍不住想盯着那瓶酒看。然后，大脑中的某个东西发出了"咔嗒"一声，他决定了——或者说，他不再阻止自己做决定。他行动了起来。

他急忙去车库拿来工具箱，开始忙活起来。他使用了各种工具，试图拆掉锁，打开抽屉。他下定了决心，全神贯注地工作。但依然无法打开抽屉。他尝试了所有的工具，都无济于事。

然后，他恍然大悟，就像一团乱麻被突然解开了一样。怎么一开始没有想到呢？这太明显了。

他坐了起来。现在不必着急了，他的目标即将实现。他静静地收拾好工具，只留下一把长柄钳子。他用长柄钳子拔掉了瓶口的塞子，将软木塞和钳子轻轻地放在桌子上，然后去厨房拿他唯一需要的工具：一根塑料的长吸管。

对奥斯卡来说，文件柜已经不起作用了，或许要用 kSafe 厨房保险箱这样的新型设备才行。kSafe 保险箱和面包盒一般大，由坚固的透明塑料制成，可以存放饼干、iPhone（苹果手机）、阿片类药物等各种物品。转动转盘可以用一个定时器给保险箱上锁。一旦设定了定时器，在定时结束之前无法开锁，也不能打破盒子取出其中的物品。

现在，各地的药剂师也可以发挥物理性的自我约束作用。不必将药物锁在文件柜里，我们可以选择给细胞上锁。

药物纳曲酮被用来治疗酒精和阿片类药物成瘾，也可用于其他成瘾问题，如赌博成瘾、暴食成瘾和购物成瘾。纳曲酮会阻断阿片类药物的受体，从而减弱多种奖赏行为的强化效应。

曾有患者告诉我，使用纳曲酮后，他们差不多或完全戒掉了酒精。对于几十年来一直与酒精成瘾作斗争的患者来说，能够做到完全不喝酒，或像“正常人”一样适度饮酒，这令他们感到惊喜。

由于纳曲酮阻断了人体内源性阿片类物质的释放，因此有人怀疑它可能会诱发抑郁症。目前还没有可靠的证据可以证明这一点，但我确实曾听个别病人说过，使用纳曲酮后，他们难以体验到愉悦感。

一位病人对我说：“纳曲酮可以帮助我戒酒，但我不像以前那样享受培根和热水澡了，也无法达到‘跑者高潮’(runner's high)。”为了解决这个问题，我让他在面临有饮酒风险的情况（例如酒吧的特价时段）时，提前半个小时服用纳曲酮。根据需要使用纳曲酮，可以让他适度饮酒，同时重获享用培根的快乐。

2014 年夏天，我和一名学生前往中国，采访了在北京高新医院进行海洛因成瘾治疗的患者。北京高新医院是一家民营的自愿戒毒医疗机构。

我们采访了一位三十八岁的男性患者，他讲述了自己来北京高新医院治疗之前接受“戒毒手术”的过程。该手术是通过植入长效纳曲酮植入物，阻断海洛因发挥作用。

他说：“2007 年，我去武汉做了手术。是父母让我去的，费用也是他们出的。我不知道外科医生做了什么，但我可以告诉你，手术并不奏效。术后我一直在注射海洛因，但再也找不到以前那种感觉了，可我停不下来，因为这已经成了我的习惯。在接下来的六个月里，我每天都要注射海洛因，而且没有任何感觉。我没有想过戒毒，因为我还能买得起。六个月后，那种感觉又回来了。所以现在我来这家医院，希望他们能有不一样的、更有效的办法。”

这则故事说明，如果不能认识到改变行为的必要性，缺乏改变行为的意愿，单靠药物治疗是不可能成功的。

另一种用于治疗酒精成瘾的药物是双硫仑。它能中断酒精代谢，导致乙醛积聚，进而造成严重的脸红反应、恶心、呕吐、血压升高和全身不适。

对于那些试图戒酒的人来说，每天服用双硫仑是一种有效的遏制手段，特别是对那些早上醒来后决定不喝酒，但到了晚上就失去决心的人。事实证明，意志力并不是一种无限的资源。它更像是锻炼肌肉，过度使用会使其疲惫不堪。

正如一位患者所说：“服用双硫仑后，我每天只需做一次不喝酒的决定，不必整天都在做决定。”

有些人带有一种基因突变，最常见于东亚人，因此他们在没有药物的作用下也会对酒精产生双硫仑样反应。从历史的角度来看，这些人酒精成瘾的比例较低。

值得注意的是，近几十年来，东亚国家的酒精消费量有所增加，致使酒精成瘾比例提高，甚至在这个先前认为不易成瘾的群体中也出现了同样的趋势。科学家们发现，那些携带突变基因的人饮酒后，患酒精相关癌症的风险就会增加。

与其他形式的自我约束一样，双硫仑也不可靠。我的病人阿诺德（Arnold）有几十年的酗酒史，在经历了严重的中风并丧失了部分额叶功能后，他的酗酒问题变得更加严重。心脏病专家告诉他必须戒酒，否则可能会丧命。这个赌注非常高。

我给阿诺德开了双硫仑，并嘱咐他，如果在服药期间喝酒，很可能会产生不适感。为了确保阿诺德服药，他的妻子每天早上给他吃双硫仑，然后检查他的口腔，确保药片被吞下。

有一天，妻子外出时，阿诺德去了一家酒类专卖店，喝了五分之一瓶威士忌。妻子回家后发现阿诺德喝醉了，最让她感到困惑的是，阿诺德没有出现不适的症状。他喝醉了，却并未感到不舒服。

一天后，阿诺德坦白了。原来在之前的三天里，他没有将药片吞下去，而是将它塞进了一颗缺失的牙齿所留下的缝隙里。

其他现代化的物理性自我约束手段涉及对身体结构的改造，例如胃束带手术、袖状胃切除术和胃旁路手术等减肥手术。

这些手术能够有效缩小胃的容积并/或使食物绕过吸收热量的部分肠道。胃束带手术是围绕胃放置一个物理环，使胃的容积变小，不需要切除胃或小肠的任何部分。袖状胃切除术通过外科手术切除部分胃，从而缩小胃的容积。胃旁路手术需要重新排列小肠在胃和十二指肠周围的位置，那是营养物质被吸收的部位。

我的病人艾米丽（Emily）在2014年接受了胃旁路手术，之后在一年的时间里，体重从 250 磅降至 115 磅。她没有采取其他干预措施——此前她已经尝试过这些措施了，就达到了减肥的效果。艾米丽并不是个案。

事实证明，减肥手术是治疗肥胖的有效方法，特别是在其他疗法失败的情况下。但它们也存在一定的意外后果。

在接受胃旁路手术的患者中，有四分之一的人出现了新的酒精成瘾问题。手术后，艾米丽也开始酗酒。造成这一后果的原因有很多。

大多数肥胖者都有潜在的食物成瘾问题，单靠手术无法从根本上解决该问题。接受这类手术的患者大多没有采取必要的行为和心理干预，以帮助他们改变饮食习惯。因此，许多人延续着不健康的饮食方式，使他们已经缩小的胃不断扩大，最终导致医疗并发症，并且需要重复手术。当他们无法再吃食物时，许多人从食物转向另一种成瘾物质，比如酒精。

此外，手术改变了酒精的代谢方式，增加了吸收率。由于体内缺少一个正常容积的胃，因此酒精几乎在摄入的瞬间就被吸收进了血液中，避免了正常情况下在胃里发生的第一次代谢。这样一来，即使摄入少量的酒精，患者也很容易喝醉，且醉酒状态的持续时间更长，类似于静脉注射酒精的效果。

对于一项可以改善许多人健康的医疗干预，我们可以也应该给予赞扬。但是，人们必须切除并重塑内脏，以适应食物的供应，这一事实也是人类消费史上的一个转折点。

从一个无法打开的保险箱，到阻断阿片受体的药物，再到缩胃手术，物理性自我约束策略在现代生活中无处不在，这说明我们越来越需要抑制多巴胺。

对我来说，当我只需点击一下就能得到爱情小说的时候，我很容易在这类幻想作品中流连忘返。于是我扔掉了 Kindle，它能让我轻松下载源源不断的色情作品。这样一来，沉迷爱情小说的倾向得到了抑制。必须去图书馆或书店，这一简单的行为在我和令我成瘾的东西之间制造了一个有效的障碍。

时间策略

另一种形式的自我约束是设置时间限制和“终点线”。

将使用时间限制在一天、一周、一个月或一年中的特定时间，压缩了使用的机会，从而限制了使用频率。例如，我们可以告诉自己，只在假日或周末使用，不在星期四之前或下午五点以前使用。

有时候，与其靠时间进行自我约束，不如利用里程碑或成就。我们可以将使用时间设定在自己生日的时候，或者完成一项任务、拿到学位，抑或升职之后。当时钟指向了那个时间点，或者我们跨过了自己设定的终点线，我们就可以用心爱之物作为给自己的奖励。

神经科学家S.H.艾哈迈德（S. H. Ahmed）和乔治·库布已经证明，当大鼠每天六小时可以不加限制地获取可卡因时，随着时间的推移，这些大鼠会逐渐增加按压杠杆的次数，直至筋疲力尽，甚至死亡。在长时间接触的条件下（六小时），甲基苯丙胺、尼古丁、海洛因和酒精的自身给药量也会增加。

但是，当大鼠每天只有一个小时可以接触可卡因时，这些大鼠在连续数天内使用的药物剂量会保持稳定。也就是说，在每天的单位时间内，它们不会按压杠杆以获取更多的药物。

这项研究表明，将使用时间限制在一个较小的范围内，可以达到适度使用的目的，避免不加限制的强迫性消费和使用频率的不断增加。

追踪使用时间，例如记录智能手机的使用情况，这是了解并控制使用的一种方法。当我们有意识地利用客观事实时，比如使用了多长时间，我们就无法否认这些事实，从而更加积极地采取行动。

但是这种方法可能会很快失效。当我们追求多巴胺时，时间会以一种有趣的方式从我们身边溜走。

一位患者告诉我，当他使用甲基苯丙胺时，他会说服自己相信这段时间不算数。就好像之后他可以将时间缝合起来，任何人都察觉不到其中丢失了一段。我想象着他飘浮在夜空中，如星座一般大小，正在缝补宇宙的破洞。

高多巴胺物质会影响延迟满足的能力，这种现象被称为“延迟折扣”（delay discounting）。

延迟折扣指的是奖励的价值随着等待时间的延长而下降。我们大多数人更希望今天拿到20美元，而不是一年以后。与长期回报相比，我们往往更看重短期回报，这可能受到多方面因素的影响。其中成瘾物质和行为也发挥了一定的作用。

行为经济学家安妮·莱恩·布雷特维尔－詹森（Anne Line Bretteville-Jensen）和同事对以下三组人的延迟折扣情况进行了对比：经常使用海洛因和苯丙胺的人，过去使用过该药物的人和相匹配的对照组（性别、年龄、教育水平等方面相匹配的个体）。研究人员让参与者想象他们有一张价值10万挪威克朗的中奖彩票，约合1.46万美元。

然后，研究人员给参与者提供了两种选择，第一个选择是现在领取奖金，但金额少于10万挪威克朗，第二个选择是一周后领取全额奖金。在经常使用海洛因和苯丙胺的人中，20%的人选择了现在领取奖金，并且愿意接受较少的金额。而在过去使用过该药物的人和相匹配的对照组中，分别只有4%和2%的人会接受这种损失。

与对照组相比，吸烟者也更有可能对金钱奖励打折扣（也就是说，如果他们不得不等待更长的时间，他们对奖励的价值的重视程度就会降低）。吸烟量越多，摄入的尼古丁越多，他们对未来奖励的折扣就越大。这些发现对假定的金钱奖励和真实的金钱奖励都成立。

成瘾研究者沃伦·K. 比克尔（Warren K. Bickel）和同事们请那些阿片类药物成瘾者和健康对照组分别将一则故事补充完整，故事的开头是这样的："醒来后，比尔开始思考自己的未来。总之，他希望……"

阿片类药物成瘾的参与者提到的未来平均长度为 9 天。健康对照组提到的未来平均长度为 4.7 年。这种显著的差异说明，当我们受到成瘾性药物的影响时，"时间视域"会有明显的缩小。

相反地，我曾问过患者，他们在什么时候下定决心戒瘾，他们的回答中表达了一些出于长远角度的考虑。有一位在过去一年中一直在吸食海洛因的患者告诉我："我突然意识到我已经吸了一年的海洛因了，我想，如果现在还不戒，那么我的余生就离不开它了。"

这位年轻人反思了他的整个人生轨迹，而不仅仅是当下，从而对自己的日常行为有了更加清醒的认识。黛利拉也是如此，一想到自己十年后还在吸大麻，她才愿意戒掉大麻四个星期。

在当今这个多巴胺丰富的生态系统中，我们都做好了即时满足的准备。我们希望购买的东西第二天就能出现在家门口。我们希望自己想知道的答案下一秒就能出现在屏幕上。我们是否失去了解开谜题的本领，是否无法承受寻找答案而不得的沮丧，抑或失去了等待所求之物的耐心？

神经科学家塞缪尔·麦克卢尔（Samuel McClure）和他的同

事研究了大脑中负责选择即时奖励与延迟奖励的部分。他们发现，当参与者选择即时奖励时，大脑中处理情绪和奖励的部分会活跃起来。当参与者选择延迟奖励时，前额叶皮层——大脑中参与计划和抽象思维的部分——会活跃起来。

这意味着我们现在很容易出现前额叶皮层萎缩的问题，因为我们的奖赏回路已经成为生活的主要驱动力。

摄入高多巴胺物质并不是影响延迟折扣的唯一变量。

例如，在了解生命有限性的情况下，与那些在资源丰富的环境中长大的人相比，在资源贫乏的环境中成长的人可能会更加看重即时奖励而不是延迟奖励。与大学生相比，生活在巴西贫民窟的同龄人往往不那么看重未来的回报。

贫穷是成瘾的风险因素之一，特别是在一个容易获得廉价多巴胺的世界里，这不足为奇。

导致强迫性过度消费问题的另一个因素是我们现在拥有越来越多的空闲时间，随之而来的是无聊。

农业机械化、制造业机械化、家务劳动机械化，许多以前耗时的劳动密集型工作都实现了机械化，减少了人们每天的工作时间，从而留出更多空闲时间。

在美国南北战争（1861—1865）以前，无论农业还是工业，普通劳动者一天通常要工作 10 到 12 小时，每周工作六天半，每年工作 51 周，每天用于休闲活动的时间不超过两小时。一些劳动者，通常是移民妇女，每天要工作 13 个小时，每周工作 6 天。还有一些人要以奴隶的身份干苦力活。

相比之下，从 1965 年到 2003 年，美国人的空闲时间每周增加了 5.1 小时，每年增加了 270 个小时。到 2040 年，美国人每天的空闲时间预计为 7.2 小时，而每天的工作时间仅为 3.8 小时。其他高收入国家的数据也基本类似。

美国人的空闲时间因受教育程度和社会经济地位的不同而有所差异，但结果可能与你预想的不同。

1965 年，受教育程度较低的美国人与受教育程度较高的美国人所享受的空闲时间大致相同。今天，高中学历以下的美国成年人所拥有的空闲时间比大学本科及以上学历的成年人多 42%，其中工作日的休闲时长差异最大。主要是因为未取得大学学位的人会出现就业不足的情况。

多巴胺消费不仅是一种填补业余时间的方式，也成为人们不参与劳动力市场的原因。

经济学家马克·阿吉亚尔（Mark Aguiar）与同事在文章《空闲时间的享乐与年轻男性的劳动力供应》中写道："在过去 15 年中，21 岁至 30 岁的年轻男性的工作时长比年长男性或女性的工作时长呈现更大幅度下降。自 2004 年以来，时间使用的调查数据显示，年轻男性显然将他们的空闲时间投入在了电子游戏和其他娱乐性电脑活动中。"

作家埃里克·J. 伊安内利（Eric J.Iannelli）曾在作品中提及

自己的成瘾经历，内容如下：

> 现在看来，几年前的我仿佛经历了另一段人生，一位朋友对我说："你的生活可以简化成一个由三部分组成的循环。第一部分是获得快感；第二部分是变得一团糟；第三部分是控制损失。"我们认识的时间不长，最多两个月，但他已经多次看到我因酗酒而昏厥——当时我正陷入无休止的成瘾旋涡之中，这只是其中的一个显著表现——因此他已经知道了我的问题。他苦笑着，继续用更加笼统的方式进行假设——而且我猜，是半开玩笑的方式——成瘾者感到厌烦或因无法解决问题而沮丧，他们本能地设计出胡迪尼式的困境[1]，在没有其他挑战出现的情况下，将自己解脱出来。当他们成功时，药物成为奖励，当他们失败时，药物成为安慰品。

一见到穆罕默德（Muhammad），他就滔滔不绝起来。他的舌头几乎跟不上大脑，脑袋里充满了想法。

他说："我想我可能有点成瘾问题。"我立刻就对他产生了好感。

他的英语略带一点中东口音，除此之外无可挑剔。他向我讲

1　即著名魔术师哈里·胡迪尼（Harry Houdini）的逃脱术，他能迅速从绳索、脚镣及手铐中脱困。——译者注

述了自己的故事。

2007年，他从中东地区来到美国读大学，学习数学和工程学。在他的祖国，使用任何成瘾物质都有可能遭受严厉的惩罚。

来到美国后，他能够无所顾忌地用这些东西来消遣，这让他感到极大的解放。一开始，他把吸大麻与喝酒的时间都限制在周末，但在接下来的一年中，他每天都在吸食大麻，看得出来，这影响了他的学习成绩和交友。

他告诉自己，在拿到本科学位、考上研究生并获得博士经费之前，坚决不再碰大麻。

他信守诺言，完成了斯坦福大学机械工程的硕士课程，并获得博士经费。之后他开始继续使用大麻，并且发誓只在周末才用。

但在攻读博士学位的第一年，他每天都离不开大麻，到了第二年年底，他为自己制定了新的剂量规则：工作时用10毫克，不工作时用30毫克，只有在特殊场合才用300毫克……以获得真正的快感。

在博士课程学习结束的时候，穆罕默德未能通过资格考核。后来他又参加了一次考核，再次以失败告终。他的研究项目即将到期，但他设法说服教授再给他最后一次机会。

2015年春天，穆罕默德承诺在通过资格考核之前绝不碰大麻，不管需要花多长的时间。第二年，他戒掉大麻，比以往更加努力地投入工作。最终他提交的报告长达一百多页。

他对我说：“那是我人生中最积极、效率最高的一年。”

那一年他通过了资格考核。考核后的一天晚上，朋友带着大麻来为他庆祝。起初，穆罕默德拒绝了。但朋友说：“像你这样聪明的人不可能上瘾。”

穆罕默德对自己说：“就这一次，毕业之前再也不吸大麻了。”

到了星期一，“毕业之前再也不吸大麻”的规定变成了“上课的日子不吸”，后来又变成“需要上高难度课程的日子里不吸”，再后来变成了“考试日不吸”，最后变成“早上九点以前不吸”。

穆罕默德很聪明。但他却不明白，为什么每一次吸食大麻，他都无法坚持自己设定的时间限制呢？

因为一旦开始使用大麻，他就不再受理性的支配，而是被快乐与痛苦的天平控制。即使是一根大麻烟卷也会使人陷入不受逻辑控制的渴求状态。在这种情况下，他无法再客观地评估大麻带来的即时奖励与延迟奖励。延迟折扣控制了他的世界。

在穆罕默德的案例中，时间性自我约束只能发挥有限的作用，适度使用大麻的策略可能不适合他。他必须寻找另一种方法，最终他也的确找到了适合自己的策略。

分类策略

雅各布复发一个星期以后又来到了我的办公室。他整整一周都没有使用那个机器。他将机器放进一个垃圾桶里，他知道这些垃圾当天就会被运走。他还将笔记本电脑和平板电脑收了起来。这么多年以来，他第一次去教堂为家人祈祷。

“不考虑我自己和我的问题，这是一个很好的转变。我也不再为自己感到羞耻。我的经历令人难过，但我依然可以做出改变。”

他停顿了一下，接着说：“但我的感觉并不好。从星期一我们见面之后，直到星期五，我都想自杀，但我知道我不会这么做。”

“这是戒断带来的沮丧感，”我说，“让你的感觉像海浪一样汹涌而来。耐心一点儿，随着时间的推移，你会感觉越来越好。”

此后几个月里，雅各布始终保持禁欲，他不仅限制自己接触色情作品、聊天室和TENS仪，而且还限制了“任何形式的欲望”。

他不再看电视、电影、YouTube和美国女排比赛等几乎所有包含性挑逗形象的东西。他跳过了某些类型的新闻，例如有关据称与唐纳德·特朗普（Donald Trump）有染的脱衣舞女郎斯托米·丹尼尔斯（Stormy Daniels）的文章。早上对着镜子刮胡子之前，他会先穿上短裤。看到自己赤身裸体本身就是一个诱导因素。

“很长时间以来，我都在摆弄自己的身体。我再也不能这么做了，”他说，“我必须避开任何可能让我的成瘾大脑感到快乐的东西。”

分类性自我约束策略是指将多巴胺分成不同的类别，以此来限制使用：可以使用这些子类型，不能使用那些子类型。

这种方法不仅能帮助我们避开成瘾物质，也能避免引发渴求的诱因。这一策略尤其适用于我们无法完全戒除但希望以更加健康的方式加以使用的物质，比如食物、性和智能手机。

我的病人米奇（Mitch）沉迷于体育博彩。到了四十岁的时候，他已经因赌博损失了一百万美元。为了戒赌，他采取的一项重要措施是参加赌友匿名互戒会（Gamblers Anonymous）。通过这个组织，他了解到，自己不仅应避开体育博彩，还必须放弃观看电视上的体育节目、阅读报纸上的体育版新闻、浏览与体育相关的网站，也不能收听体育广播。他给所在地区的所有赌场打电话，将自己列入“禁止入内”名单。通过回避赌博以外的其他物质和行为，米奇靠分类约束的策略降低了重新陷入体育博彩的风险。

为自己设置禁令，这是一件可悲且令人同情的事。

至于雅各布，隐藏自己和他人的裸体是他戒除性瘾的重要措施。很多文化传统都有隐藏身体的规定，并延续至今，它能最大程度地降低从事违禁性活动的风险。《古兰经》（*Quran*）要求妇女要端庄：“你对信女们说，叫她们降低视线，遮蔽下身，莫露出首饰……叫她们用面纱遮住胸膛，莫露出首饰。”

耶稣基督后期圣徒教会（The Church of Jesus Christ of Latter-day Saints）针对信徒着装也有正式的要求，如劝阻信徒不要穿

“短裤、短裙和露出腹部的衬衫，以及露出肩膀或前胸，或后背领口开得很低的衣服”。

但是，如果我们无意间遗漏了某个诱因，未将它列入禁止活动之列，那么分类约束可能会失败。我们可以根据经验进行思考和筛选，以纠正这样的错误。但当类别本身发生变化时，我们该怎么办？

美国那些毫无新意的饮食传统——素食主义、严格素食主义、生素食主义、无麸质饮食法、阿特金斯饮食法、区域饮食法、生酮饮食法、旧石器时代饮食法、葡萄柚饮食法——就是分类性自我约束的例子。我们采用这些饮食法的原因多种多样：医学、伦理、宗教。但不管是什么原因，最终目的都是减少某几类食物的摄入，进而限制整体的食物消耗量。

但是，随着时间的推移，在市场的影响下，食物的分类发生了变化，饮食法这种分类约束的策略也出现了问题。

超过15%的北美家庭在食用不含麸质的产品。有些人采用无麸质饮食法，因为他们患有乳糜泻，这是一种自身免疫性疾病，摄入麸质会导致小肠损伤。但越来越多的人都在食用不含麸质的食物，因为这有助于限制高热量、低营养的碳水化合物的摄入。这有什么问题吗？

从2008年到2010年，美国推出了大约3000种新的无麸质零食，其中烘焙产品成为当今无麸质市场上销售收入最高的包装类产品。2020 年，仅在美国，无麸质产品的价值估计为 103 亿美元。

在过去，无麸质饮食法有效地限制了高热量加工食品的消费，如蛋糕、饼干、薄脆饼干、谷类食品、意大利面和比萨饼，但现在的情况发生了变化。对于那些希望通过无麸质饮食法来避开含麸质食物的人来说，这可能是个好消息。但对于那些希望通过该方法限制面包、蛋糕和饼干的摄入的人来说，这种分类已经不再适用。

无麸质饮食法的演变表明，现代市场的力量会迅速对控制消费的尝试做出反击，这是多巴胺经济固有挑战的又一实例。

还有许多现代的案例表明，以前禁忌的毒品往往以药物的名义被转化为社会可接受的商品。香烟变成了笔形电子烟和无烟尼古丁袋。海洛因变成了奥施康定。大麻变成了“药用大麻”。我们刚承诺要戒掉它们，它们就重新换上精美的包装，变成价格合理的新产品再次出现，并对我们说：“嘿！没关系。我现在对你很有好处。”

将危险的东西加以神化，这是另一种形式的分类性自我约束。

自史前时代以来，人类就为致幻物质赋予了神圣的意义，将它们用于宗教仪式、成年礼或作为药物使用。在这种情况下，只有接受过特殊训练或具备特殊授权的祭司、萨满或其他指定人员才能使用这些物质。

7000 多年来，致幻剂，也被称为迷幻剂（神菇、死藤水、佩约特仙人掌），在不同的文化中都有神圣的用途。然而，在 20 世纪 60 年代美国的反主流文化运动中，致幻剂流行起来，并作为娱乐性药物被广泛使用，造成了极大的危害，因此全球大部分地区都将 LSD 列为非法药物。

今天，情况发生了变化，人们希望将致幻剂和其他迷幻剂重新投入使用，但只用在辅助心理治疗的伪神圣背景之下。经过专门培训的精神科医生和心理学家正在使用致幻剂和其他强效化学剂（裸盖菇素、氯胺酮、摇头丸）作为治疗精神疾病的药物。服用一定剂量（一到三剂）的迷幻剂，并在数周内进行多次谈话疗法，这相当于现代社会的萨满教仪式。

我们希望有节制地使用这些药物，并让精神科医生担当看门人的角色，这些化学物质——充满统一感、时间超越性、积极情绪和崇敬感等神秘特性——可以被利用，但不会导致滥用、过度使用和成瘾性使用。

但有些人不需要萨满和精神科医生为他们心爱的东西注入神圣的意义。在斯坦福大学著名的棉花糖实验中，至少有一个参与实验的孩子可以完全靠自己来管理这种神圣意义。

棉花糖实验是由心理学家沃尔特·米歇尔（Walter Mischel）于 20 世纪 60 年代末在斯坦福大学主持的一系列针对延迟满足的研究。

参与实验的三至六岁的孩子可以选择立即获得一个小奖励（一个棉花糖），或者选择等待十五分钟后得到相同的两个奖励（两个棉花糖）。

如果孩子选择等待十五分钟，研究人员会在这段时间内离开房间，十五分钟后返回。棉花糖放在桌上的盘子里，房间里没有其他分散注意力的东西：没有玩具，没有其他孩子。这项研究的目的是确定儿童在什么年龄会发展出延迟满足的能力。后续研究调查了现实生活中的个体发展与是否具备延迟满足能力的关系。

研究人员发现，在大约100个孩子中，有三分之一的孩子愿意为了第二个棉花糖而等待足够长的时间。年龄是一个主要的决定因素：孩子年龄越大，延迟满足的能力就越强。在后续研究中，能够等待以获得两个棉花糖的孩子长大后，往往取得了更高的SAT分数和教育成就，整体的认知能力和社会适应能力更好。

实验中有一个不太为人所知的细节，即孩子们在努力不吃第一个棉花糖的十五分钟里做了什么。

研究人员通过观察发现，孩子们进行了字面意义上的“自我约束”：有些孩子“用手捂住眼睛，或者将头转向别的地方，完全不看托盘……有些孩子开始踢桌子，或者拽自己的辫子，或者像摸一个小毛绒玩具一样抚摩棉花糖”。

遮住眼睛，将头转向一边，这让我们想到了物理性自我约束策略。拉扯辫子是用身体上的疼痛来分散注意力……我将在后文详细讨论。但是抚摩棉花糖呢？这个孩子没有离开自己渴望的东西，而是把它变成了宠物，因为它太珍贵了，不能吃，或者至少不能冲动地把它吃掉。

我的病人贾丝明（Jasmine）曾因酗酒问题向我求助，她每天要喝十瓶啤酒。在治疗的过程中，我建议她把家里所有的酒都扔掉，这是一种自我约束的策略。她基本上采纳了我的建议，只是做了一点改动。

她将所有的酒都扔掉，只留了一瓶啤酒放在冰箱里。她称之为“图腾啤酒”，她认为这是她选择不再喝酒的象征，是意志和自主的体现。她告诉自己，只需专注于一件事，那就是不喝这一瓶啤酒，而不是戒掉世界上所有的啤酒，后者是一项更加艰巨的任务。

这种元认知的策略将诱惑的对象转化为克制的象征，帮助贾丝明成功戒酒。

在性瘾复发半年后，我在候诊室见到了雅各布。我已经好几个月没见到他了。

一看到他，我就知道他的状态很好。他的衣服非常合身，与他很相称。但不仅仅是着装，他的肤色也很健康，那是当人们感觉到自己与世界连接时所呈现出的样子。

你在任何精神病学教科书里都看不到这种情况。通过几十年来与患者的接触，我注意到一点：当患者的病情好转时，他的一切都是和谐统一的。那天雅各布就有一种和谐感。

我们来到办公室，雅各布对我说："妻子又回到了我的身边。虽然我们依然要分居两地，但我去西雅图看她，我们度过了美好的两天。我们计划一起过圣诞节。"

"真为你高兴，雅各布。"

"我已经摆脱了困扰，不再做出强迫行为。我可以自由地决定自己要做什么。从上次复发到现在已经过了近六个月了。继续保持下去，我想我会好起来的，应该会更好。"

他看着我微笑起来。我也笑了。

为了避免任何可能引发性欲的东西，雅各布付出了巨大的努力。在现代人看来，他所做的似乎是中世纪的事情，就差一件刚毛衬衣[1]了。

然而，新的生活方式并没有让他感到束缚，反而让他感到解放。他摆脱了强迫性过度消费的困扰，能够再次带着喜悦之情和好奇心，自然地与他人和世界互动。当然，他也重新获得了尊严。

正如伊曼纽尔·康德（Immanuel Kant）在《道德形而上学》（*The Metaphysics of Morals*）中所写："当我们能够做出这样一种内在的立法，（自然）人感到有崇拜其人格中的道德人的要求。"

约束自己也是获得自由的方法之一。

1　旧时苦修者所穿的衣服。——译者注

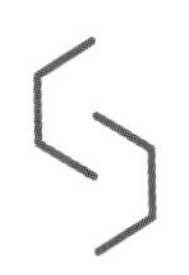

第 6 章
多巴胺天平失灵了吗？

克里斯（Chris）坐在我的办公室里，一边摆弄自己的双肩包，一边将滑落到眼前的头发拢到脑后，大腿晃个不停（在随后的几年里我发现，他总是这样动来动去）。“我想……”他开口说道，“你能不能再给我开些丁丙诺啡？这药很管用。确切地说，要是没有丁丙诺啡，我不知道自己还能不能活下去，我必须找人给我开药。”

丁丙诺啡是一种半合成的阿片类药物，由罂粟提取物蒂巴因衍生而来。与其他阿片类药物一样，丁丙诺啡与 μ －阿片受体结合，可以起到镇痛的作用，同时缓解人们对其他阿片类药物的渴求。简单来说，它的作用机理是恢复快乐－痛苦天平的平衡，从而让像克里斯这样的人停止与体内的渴求作斗争，重新开始生活。已有充分的证据表明，丁丙诺啡减少了非法阿片类药物的使用，降低了药物过量的风险，提升了患者的生活质量。

但丁丙诺啡也是一种阿片类药物，可以当街售卖，也存在被滥用的可能性，这是不容忽视的事实。如果一个人没有对更加强效的阿片类药物产生依赖性，那么使用丁丙诺啡后可能会产生极度的快感。但长期使用丁丙诺啡的人在停止用药或减少剂量后，也会出现戒断反应以及对药物的渴求。事实上，曾有一些患者告诉我，丁丙诺啡的戒断反应比海洛因或奥施康定严重得多。“何不说说你的故事，”我对克里斯说，“然后我会告诉你我的想法。”

2003 年，克里斯考上了斯坦福大学。继父用一辆借来的老旧雪佛兰萨博班（Suburban）载着他从阿肯色州来到学校。这辆装载着克里斯行李的 SUV 停在学生公寓门口，在一众崭新的宝马和雷克萨斯轿车之中，显得十分扎眼。

克里斯没有浪费时间。他开始精心布置宿舍，将自己收藏的 CD 按字母顺序进行排列。研究过课程目录后，他选了三门课，分别是“创意写作”“希腊哲学”以及“德国文化中的神话与现代性”。他梦想成为一名作曲家、电影导演和作家。与其他同学一样，克里斯也有宏伟的计划。他在斯坦福的求学之旅即将拉开辉煌的序幕。

开始上课后，一切都如克里斯所预期的那样顺利发展。他努力学习，取得了优异的成绩。但从另一个层面来说，他又不算成功：他总是独自上课，独自在房间或图书馆学习，独自在宿舍的公共休息室弹钢琴。校园里流行着各种“团体”，他却无法加入其中。

回顾早期的大学生涯，我们大多数人都会回想起自己如何努力寻找朋友。克里斯比我们更加努力。可即使到了现在，也很难说清个中缘由。他年轻英俊，为人体贴，和蔼可亲，乐于助人。或许一切都与他是一个来自阿肯色州的穷孩子有关。

孤独的校园生活一直持续到大二，直到他在校内兼职工作时遇到了一个女孩。克里斯五官轮廓分明，有一头柔软的棕色头发，身材瘦长但肌肉结实，这样的外形总能吸引别人的注意。这个女孩是克里斯的同事，也是一名本科生，两人接过吻后，克里斯立刻坠入了爱河。女孩说自己已经有男朋友了，但克里斯不在乎。他想和她在一起，于是三番五次地去找她。克里斯穷追不舍，女孩却指责他骚扰自己，还上报给他们的老板。结果，克里斯丢了工作，并受到学校管理部门的斥责。失去了工作和女友，克里斯觉得，自己只剩下一条出路，那就是自杀。

他给母亲写了一封告别邮件：“妈妈，我已经换上了干净的内衣。”他借了一把刀，带着 CD 播放机和一张精心挑选的唱片，向罗伯菲尔德（Roble Field）方向走去。时至傍晚，他打算吞下一瓶药丸，然后割腕，最后伴随落日死去。

音乐对克里斯来说非常重要，他为自己精心挑选的最后一首歌曲是《PDA》，由纽约的后朋克复兴乐队 Interpol 演唱。这首歌曲的节奏感和冲击力都很强。歌词不大容易理解。最后一节是这样唱的："今夜入眠，今夜入眠，今夜入眠，今夜入眠。有事要说，有事要做，无事可说，无事可做。"克里斯一直等到歌曲播放结束，然后用锋利的刀刃划过两只手腕。

在开阔的室外割腕自杀往往不容易成功。半个小时后，手腕上的血液凝固了，克里斯坐在黑暗中，看着人们从他身边走过。他回到宿舍，将药吐了出来，然后拨打了911。医护人员将他送到斯坦福医院，随后他被送进了精神科病房。

第一个来看望他的是继父。母亲本打算前来，但最终没有登机。她一直都惧怕乘飞机。克里斯的生父也来了，他们每年只会见几次面。看到克里斯手腕上凸起的红色伤口，父亲露出了悲痛的神情。

克里斯在精神科病房住了两个星期。这是一个包容的、可控的、可预测的环境，因此住院期间，克里斯大多数时候感觉轻松自在。

斯坦福大学派了一位代表来探望他，并告诉他，在这种情况下，他必须休学养病，直至完全康复，到那时学校将酌情决定是否批准他返校。

克里斯回到了阿肯色州，与母亲和继父一起生活。他找到了一份服务员的工作。后来他开始接触毒品。

2007年秋天，克里斯回到斯坦福大学。在秋季学期开始之前，他需要先见一见学生心理健康诊所的负责人和他的宿舍负责人，向他们通报自己的康复情况，并拿出令人信服的证据，证明自己可以重新登记入学。

在会面的前一天，克里斯借住在一位在斯坦福结识的女孩家里。他不太了解这个女孩，但她“也有自己的困扰”，所以克里斯请她帮忙的时候不会感到那么窘迫。他想在女孩家里借住一两晚，直到办妥入学事宜。

会面的前一天晚上，克里斯彻夜未眠，他一边“吸毒”，一边阅读弗洛伊德的著作《文明及其不满》(*Civilization and Its Discontents*)。到了早上，他得出结论，自己现在仍然一团糟，无法面对一群校领导。于是当天他就乘飞机回家了。

接下来的一年里，克里斯顶着 100 多华氏度[1]的高温，为阿肯色大学（University of Arkansas）铲土、铺地膜、修剪草坪。他喜欢这种体力劳动，身体的运动可以帮助他转移注意力。他被提拔为树艺师，主要负责将树干和树枝塞进碎木机。

没有工作的时候，克里斯会创作音乐，他一边吸大麻，一边一首接一首地谱曲。对他来说，大麻已经成为不可或缺的东西。

第二年秋天，克里斯再次回到斯坦福大学。这次他不需要与校领导会谈了。他回到了那间“侠探杰克”风格的宿舍，除了口袋里的一把牙刷和手里的一台笔记本电脑，什么也没带。他和衣睡在床垫上，连一张被单都没有。

他希望自己能变得有条理，他认为这是成功的必备条件。抱

1　摄氏度(℃)和华氏度(°F)的换算关系为：摄氏度(℃)=华氏度(°F)−32÷1.8。——编者注

着这样的心态，他转去了化学专业。

他还发誓要戒掉大麻，但这样的决心只维持了三天，然后又回到了每天大麻不离手的状态。他躲在自己的房间里，瞅准室友——他只记得那是个“印度人”——不在的时候就吞云吐雾。

到了期中，克里斯认为，自己在学习的时候基本都处于大麻带来的快感中，因此期中考试的时候他也能保持亢奋。这是他在心理学课上了解到的“状态依存学习”。然而在答到第二道题时，他发现自己不认识题目中的物质，无法完成考试。于是他站起来走了出去，将试卷扔进了路上的垃圾桶里。

第二天他乘坐飞机回家了。

第三次离开斯坦福大学的感觉有些不一样，这一次克里斯感到了一丝绝望。回到家后，他斗志全无，甚至对音乐创作也丧失了兴趣。他不仅吸食大麻，还开始大量饮酒。然后，他第一次尝试了阿片类药物。在 2009 年的阿肯色州，人们很容易就能搞到这类药物，当时制药商和经销商向该州输送了数百万片的阿片类止痛药。在这一年，阿肯色州的医生平均为每 100 名本州居民开出 116 张阿片类药物处方。

服用阿片类药物后，克里斯感觉自己终于得到了一直在寻找的东西。是的，他感到极度兴奋，但这还不是关键。关键是他感到自己与别人建立了联系。

他开始给亲戚朋友打电话，聊天、分享、倾诉。只要吃了药，他就感到这种联系似乎是真实的，但药效消退后，这种联系也随之消失了。他明白，靠药物制造的亲密关系并不能长久。

当克里斯再一次想回到斯坦福大学读书时，他开始断断续续地停用阿片类药物。2009 年秋天，他第四次回到学校。然而这一次，无论是从年龄还是从家乡出身来看，他都成为了同级学生的边缘人。他比一般的大二学生大了五岁。

克里斯被安排住在研究生宿舍，与一名粒子物理学研究生合住一套两居室公寓。他们几乎没有任何共同点，两人努力做到互不干涉。

克里斯的日常基本只剩下学习和嗑药两件事。他已经放弃了戒毒的念头。他开始觉得自己是一个不折不扣的“瘾君子”。

他每天一个人在卧室里吸大麻。每个星期五的晚上，他会独自前往旧金山购买海洛因。在街上注射一支海洛因就需要 15 美元，毒品带来的快感可以持续 5 秒到 15 秒，残留的兴奋感能够延续几个小时。之后他要靠更多大麻来延缓兴奋感的丧失。在第一季度中期，他卖掉了笔记本电脑以购买更多的海洛因。后来他卖掉了外套。克里斯还记得自己漫步在城市街道时那种寒冷的感觉。

他曾试图在语言课上与两名英国学生交朋友。他告诉对方自己想拍一部电影，希望他们参与。那时他对摄影产生了兴趣，有时会在校园里一边闲逛一边拍照。起初，两个英国学生似乎被吸引了，但听了克里斯对这部电影的构想——拍摄他们吃饭时用美国口音交谈的场景——他们表示反对，之后就处处躲着他。

“我想我一直是个怪人。有许多奇怪的想法。所以我不愿意告诉别人我在想什么。”

这件事过后，克里斯继续去上课，并取得了A等成绩，只有“异常行为的人际关系基础”这门课得了B。圣诞节他回到家乡，之后没有再回学校。

到了2010年秋天，克里斯再一次尝试回到斯坦福大学，只是这一次他的态度很敷衍。他在紧邻学校的门洛帕克（Menlo Park）租了一套房子，并申请转到一个新专业：人类生物学。几天后，他从房东太太那里偷了止痛药，还得到了一张安必恩的处方，他将药片碾成粉末，然后注射到体内。克里斯度过了痛苦的五个月，然后再次离开了斯坦福大学，这次他不可能重返校园了。

回到阿肯色州的家里，克里斯终日与毒品为伴。早上给自己打一针，几个小时后药效消退，他就躺在父母家的床上，等待时间的流逝。这个循环似乎永无止境，令他无可逃遁。

2011年春天，克里斯在神志不清的情况下盗窃冰毒，被警察逮捕。他面临入狱或接受康复治疗两种选择，他选择了后者。2011年4月1日，在康复中心的克里斯开始服用丁丙诺啡，这种药物有个更广为人知的名称是“舒倍生”（Suboxone）。克里斯认为丁丙诺啡救了他的命。

服用丁丙诺啡两年后，克里斯决定最后一次尝试回斯坦福大学继续读书。2013年，他在一位中国老人的活动房屋里租了一张床，其他东西他负担不起。开学一个月后，他来找我寻求帮助。

当然，我同意给克里斯开些丁丙诺啡。

三年后，他以优异的成绩毕业，并继续攻读博士学位。事实证明，他满脑袋“古怪”想法，非常适合在实验室里做研究。

2017 年，他与女友结婚。对方了解他的过去，也知道他为什么服用丁丙诺啡。有时她会抱怨克里斯“像机器人一样缺乏情感”，尤其是在一些她认为应当愤怒的情况下，克里斯却不生气。

但总的来说，生活是美好的。克里斯不再被渴求、愤怒和其他无法忍受的情绪所控制。他整天待在实验室里，下班后就赶回家陪伴妻子。他们很快就要迎来第一个孩子了。

2019 年的一天，在我们每月一次的会面中，我对克里斯说：“你做得很好，而且这么长时间以来，你的状态一直很好，你有没有想过停用丁丙诺啡？”

他十分肯定地答道：“我从没想过要停用丁丙诺啡。它对我来说就像一个电灯开关。它不仅帮我戒掉了海洛因，还为我的身体提供了我所需要的东西，那是我从其他任何地方都无法获得的东西。”

依靠药物恢复多巴胺天平的平衡吗?

我经常回想起克里斯那天所说的话：丁丙诺啡给了他一些从其他地方无法获得的东西。

长期吸毒是否破坏了他的快乐－痛苦天平，以至于他在余生都要依靠阿片类药物才能有“正常”的感觉？也许对有些人来说，即使经过长期戒断，他们的大脑也失去了恢复内稳态必需的可塑性。即使小精灵跳下了天平，他们的天平也依然向痛苦的一端倾斜。

那么是否存在另一种情况，即克里斯所说的，阿片类药物纠正了他与生俱来的化学失衡？

在20世纪90年代，我就读于医学院，并在医院实习，那时候我得知，患有抑郁症、焦虑症、注意力缺陷、认知扭曲、睡眠障碍等问题的人的大脑无法正常工作，就像糖尿病患者的胰腺不能分泌足量的胰岛素一样。按照这个理论来看，我的工作就是填补这些缺失的化学物质，使人们的身体可以“正常”运行。这种观点被制药行业广泛传播和大力推广，并被很多医生和患者接受。

但是，或许克里斯所说的话有另外一层含义。也许他的意思是，丁丙诺啡弥补的不是他的大脑缺陷，而是这个世界的不足。也许这个世界让克里斯感到失望，而服用丁丙诺啡是他能找到的最好的适应世界的方式。

无论问题出在克里斯的大脑上还是这个世界上，无论这是长期吸毒的后果还是他与生俱来的问题，在利用药物使天平向快乐一侧倾斜的过程中，我发现了一些令人担忧的事情。

首先，任何向天平的快乐端施加压力的药物都有可能使人上瘾。

对处方兴奋剂成瘾的大学生戴维就是一个活生生的例子，他证明了即使是医生为治疗确诊疾病而使用的兴奋剂，也不能避免药物依赖和成瘾问题。从分子结构来看，处方兴奋剂相当于街头毒品的成分甲基苯丙胺（俗称冰毒、快速丸、脱氧麻黄碱、克里斯蒂娜、提神药、史酷比快餐）。它们会导致大脑奖赏回路中的多巴胺激增，且“极有可能被滥用”，这是美国食品药品管理局（Food and Drug Administration）针对阿德拉发出的警告。

其次，如果这些药物没有发挥预期的功效，甚至带来了反作用，即从长远来看，导致精神疾病的症状进一步恶化，那该怎么办？虽然丁丙诺啡对克里斯有效，但从整体来看，抗精神病药物的功效不够稳定，尤其是在长期服用的情况下。

尽管四个发达国家（澳大利亚、加拿大、英国和美国）对抗抑郁药（百忧解）、抗焦虑药（阿普唑仑）和安眠药（安必恩）等抗精神病药物的投资大幅增加，但这些国家的情绪问题与焦虑症状并未缓解（1990—2015 年）。即使控制住了贫困和精神创伤等精神疾病的风险因素，甚至加强了对精神分裂症等严重精神疾病的研究，但这类疾病的发病率依然居高不下。

患有焦虑和失眠的人，如果每天服用苯二氮卓类药物（阿普唑仑和氯硝西泮）和其他镇静催眠药超过一个月，可能会出现更加严重的焦虑和失眠问题。

疼痛患者如果每天服用阿片类药物超过一个月，不仅会增加阿片类药物成瘾的风险，还会加剧疼痛。如前所述，这一过程被称为阿片类药物诱导的痛觉过敏，也就是说，反复使用阿片类药物会加剧疼痛。

阿德拉和利他林等治疗注意力缺陷障碍的药物可以在短期内提升记忆力和注意力，但几乎没有证据表明它们能长期提升复杂认知能力、学业水平或成绩。

公共卫生心理学家格雷琴·莱弗尔·沃森（Gretchen LeFever Watson）与他人合作撰写了论文《美国大学校园内的注意缺陷与多动障碍（ADHD）药物滥用危机》（*The ADHD Drug Abuse Crisis on American College Campus*），文中写道："令人信服的新证据表明，治疗注意缺陷与多动障碍的药物与导致学生学业退步和社交情感功能的退化有关。"

最新数据显示，即使是以前被认为不会"成瘾"的抗抑郁药，也可能导致耐受性和依赖性，从长远来看，这些药物甚至有可能加剧抑郁症状，出现"迟发性焦躁"的现象。

除了成瘾问题和这些药物的效用问题之外，我还被一个更深层的问题困扰着：服用抗精神病药物是否让我们失去了人性中某些重要的方面?

1993年，精神科医生彼得·克雷默（Peter Kramer）出版了开创性的著作《神奇百忧解》(*Listening to Prozac*)，他在书中指出，抗抑郁药使人“比好更好”。但是如果克雷默搞错了呢？如果抗精神病药物非但没有让我们“比好更好”，反而让我们走向了相反的方向呢?

多年来，我的很多患者都告诉我，抗精神病药物在短时间内缓解了他们的痛苦，同时也限制了他们体验各种情绪的能力，尤其是像悲伤和敬畏这样强烈的情绪。

我的一位病人服用抗抑郁药后效果显著，她告诉我，自己不会再因看到奥运会宣传广告而哭泣。谈起这件事的时候，她笑了起来，她自愿放弃了性格中多愁善感的一面，从而减轻了抑郁和焦虑，这让她很高兴。结果，她在自己母亲的葬礼上也哭不出来了，这说明她的天平发生了倾斜。她停用了抗抑郁药，不久后就出现了更加剧烈的情绪波动，包括更严重的抑郁和焦虑。但她认为，这些情绪低谷是值得的，因为它们可以让人感受到人性。

我的另一位病人曾因慢性疼痛服用了十几年的奥施康定，后来她逐渐减少药量。几个月后她和丈夫一同来找我。那是我第一次见到她的丈夫。多年的求医已经让他对医生厌烦了。他说：“从服用奥施康定开始，我妻子就再也不听音乐了。停药后她又开始欣赏音乐了。我感觉她好像回到了我们结婚时的样子。”

我也服用过精神药物。

小时候我躁动不安且易怒，对母亲来说，我是一个很不好带的孩子。她努力帮我调节情绪，在这个过程中，她认为自己是一个失败的母亲，至少我对过去的理解是这样的。她承认更喜欢我哥哥，那是个温顺听话的孩子，我也喜欢他。实际上，母亲对我丧失信心后，是哥哥把我带大的。

二十几岁的时候，我因长期的轻度易怒和焦虑被诊断为“非典型抑郁障碍”，于是开始服用百忧解进行治疗。服药后我立刻感觉好多了。我不再没完没了地追问那些大问题：活着的目的是什么？我们有自由意志吗？我们为什么受苦？上帝存在吗？相反，我只是带着这些问题继续生活。

而且，这是我有生以来第一次与母亲融洽相处。她觉得与我在一起很愉快，我也很喜欢这种被人喜欢的感觉。我们的关系得以改善。

几年后，我因备孕而停止服用百忧解，结果又回到了以前的状态：脾气暴躁、质疑一切、坐立难安。几乎刚一停药我就和母亲爆发了矛盾。当我们俩待在同一间房间时，屋里的空气似乎都在噼啪作响。

几十年后，我们的母女关系才略有改善。我们很少联系，这时候我们的关系反而最和谐。这让我感到难过，因为我爱母亲，我知道她也爱我。

但我不后悔停用百忧解。虽然我的“非百忧解性格”难以与母亲建立融洽的关系，但它让我做到了服药时做不到的事情。

今天，我终于接受了自己是一个有点焦虑和抑郁的怀疑论者。我需要摩擦和挑战，并且愿意为之努力或与之抗争。我不会为了适应这个世界而削弱自己。难道我们之中有谁应该这样做吗?

如果需要吃药才能适应这个世界，那么我们适应的是个什么样的世界？我们是不是打着治疗疼痛和精神疾病的幌子，让大部分人通过生物化学的方式无视那些无法忍受的环境？更糟糕的是，精神药物是否已经成为社会控制的一种手段，尤其是对穷人、失业者和被剥夺权利的人而言?

开给贫困人口，特别是贫困儿童的抗精神病药物的频率更高，数量更大。

2011年，美国疾病预防控制中心（CDC）的国家健康统计中心进行了全国健康调查，结果显示，在六岁至十七岁的美国儿童与青少年中，7.5%的孩子因“情绪和行为障碍”服用过处方药。贫困儿童比非贫困儿童服用抗精神病药物的比例更高（分别为9.2%和6.6%）。男孩的服药比例高于女孩。非西班牙裔白人的服药比例高于有色人种。

根据佐治亚州医疗补助项目的数据来推断全国其他地区的情况，多达一万名学步儿童可能正在使用利他林等精神兴奋剂。

针对美国年轻人（尤其是穷人）的过度诊疗和过度用药问

题，精神科医生埃德·莱文（Ed Levin）曾撰文表示："与其他行为一样，易怒也涉及某些生物学因素，但它可能更显著地体现了病人在接受不良且非人道治疗后的反应。"

这种现象不只发生在美国。

瑞典的一项全国性研究根据所谓的邻里剥夺指数（教育、收入、失业和福利救助指数），分析了各种抗精神病药物的处方率。他们发现，每一类药物的处方率会随社区社会经济地位的下降而增加。研究得出的结论是："邻里剥夺指数与抗精神病药物的处方率存在相关性。"

开给贫困人口的阿片类药物处方数量同样过高。

美国卫生与公众服务部（US Department of Health and Human Services）表示："贫困、失业率和就业人口比与阿片类处方药的盛行和药物使用方法高度相关。平均而言，在经济前景较差的地区，阿片类药物处方率、由药物引起的住院率和药物过量致死率可能也更高。"

医疗补助计划是美国联邦政府为最贫困和最易患病人群提供的医疗保险，接受医疗补助的美国人服用阿片类止痛药的比例是其他患者的两倍。接受医疗补助的患者死于阿片类药物的比例是其他患者的三倍至六倍。

我为克里斯开丁丙诺啡以治疗他的阿片类药物成瘾，这种药物治疗方法叫作丁丙诺啡维持治疗（BMT），但是，如果影响健康的社会心理问题得不到解决，这样的治疗手段可能只是一种

“临床放弃”。正如亚历山大·哈彻(Alexandrea Hatcher)与同事在《药物使用与滥用》(*Substance Use and Misuse*)杂志上发表的论文所说:“如果对那些没有种族和阶级特权的患者的基本需求视而不见,只用丁丙诺啡维持治疗,这非但不能解决问题,反而有可能演变为一种制度性忽视,甚至是结构性暴力,以至于人们认为这样就足以让他们康复。”

由乔斯·惠登(Joss Whedon)2005年执导的科幻电影《冲出宁静号》(*Serenity*)设想了一个未来世界,在这个世界中,各国领导人进行了一项伟大的实验:他们让星球上所有人接种了抵御贪婪、悲伤、焦虑、愤怒和绝望的疫苗,希望建立一个和平且和谐的文明世界。

电影主人公马尔(Mal)是一个玩世不恭的飞行员,也是“宁静号”宇宙飞船的船长,他与船员一起前往这个星球探索。结果呈现在他眼前的并不是人间乐园,而是死因不明的尸体。整个星球的人都在沉睡中死去,他们或是躺在床上,或是倚着沙发,或是趴在办公桌上。最后马尔和船员们解开了谜团:基因突变导致他们对任何事物都失去了渴望。

在现实世界,不分泌多巴胺的大鼠不会主动觅食,哪怕食物距离它只有几厘米,最终被活活饿死,电影中的那些人同样死于缺乏欲望。

请不要误解我的意思。这些药物的确可以拯救人类的生命，我很感激它们在临床实践中所发挥的作用。但是，用药物治疗人类的痛苦是需要付出代价的，而我们也会看到另外一种更加有效的方法，那就是拥抱痛苦。

第三部分

追求痛苦

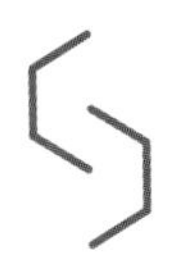

第 7 章 在痛苦端施加压力

迈克尔（Michael）坐在我对面，他穿着牛仔裤和 T 恤衫，看上去很放松。他有一张略显稚气的英俊面庞，不费吹灰之力就能将别人迷住，这种天生的魅力既是天赋，也是负担。

“我的所有朋友都会告诉你，”他说，“我是个戏精。”

迈克尔的生活曾是硅谷的童话。大学毕业后，他在房地产业赚了数百万美元。到了三十五岁的时候，他已坐拥丰厚的财富，还有令人嫉妒的英俊外貌，并与心爱的女友结婚，组建了幸福的家庭。

但他却选择了另一种生活，差点儿毁掉了他奋斗所得到的一切。

“我一直都是一个精力充沛的人，喜欢寻找刺激的东西。可卡因的作用显而易见，不过对我来说，酒精也能给我带来刺激……第一次尝试可卡因时，它就为我带来一种强烈的兴奋感和巨大的能量。我告诉自己，偶尔吸食可卡因作为消遣，这样是不会有麻烦的。当时，我真的相信这一点。”他停顿了一下，露出了微笑，“我早该知道的。”

“妻子告诉我，要挽救我们的婚姻，戒毒是唯一的办法，我毫不犹豫就答应了。我不想失去她，我想维系这段婚姻，而戒毒是唯一的选择。”

对迈克尔来说，戒断并不难。难的是接下来该怎么办。戒掉可卡因后，他被药物掩盖的所有负面情绪如洪水般汹涌而至。等他不再感到悲伤、愤怒和羞愧后，他丧失了全部的感觉，情况似乎变得更糟了。后来他偶然间发现了一件能给他带来希望的事情。

他告诉我：“第一次是个意外。早上起床后我去上网球课……在戒断初期，我用这种方法来分散自己的注意力。结束网球课后，我冲了个澡，但一小时过后，我依然汗流不止。我向网球教练讲了这个情况，他建议我尝试洗冷水澡。冷水澡有点难受，但几秒钟后我的身体就适应了。洗完之后，我感觉出奇地舒服，就像喝了一杯很棒的咖啡。”

“在接下来的几个星期里，我发现每次洗完冷水澡后，我的心情都会好起来。于是我上网研究了冷水疗法，发现了一个冰水浴社群。它看上去有点儿疯狂，但当时我顾不得这些了。在他们的指导下，我从洗冷水澡发展到在浴缸里泡冷水浴。这样做效果更好，所以我加大了力度，在浴缸的水里加入冰块，使温度更低。这样一来，我可以将温度调到 55 华氏度左右。”

“我养成了每天早上在冷水里浸泡五到十分钟的习惯，晚上睡觉前再泡一会儿。在接下来的三年里，我每天都这样做。它在我的戒毒过程中发挥了关键作用。”

“把自己浸泡在冷水中是什么感觉？”我问道。我自己非常讨厌冷水，在这种温度下几秒钟就会受不了。

“在最初的五到十秒钟，我的身体仿佛在尖叫：住手，你在自杀。那感觉非常痛苦。”

“我能想象得到。”

“但我告诉自己这是暂时的，是值得的。一开始的冲击过后，我的皮肤变得麻木。从冷水中出来后，我立刻有了一种快感。就像嗑药……和我记忆中吃了摇头丸和维柯丁的感觉一样。真是难以置信。接下来的几个小时我都感觉棒极了。”

在人类的历史进程中，人们曾有很长一段时间都在用冷水洗澡。只有住在天然温泉附近的人才能经常洗热水澡。难怪当时的人们卫生状况堪忧。

古希腊人开发了一种用于公共浴室的热水系统，但仍然提倡使用冷水洗澡治疗各种疾病。19 世纪 20 年代，一位名叫文森斯·普列斯尼兹（Vincenz Priessnitz）的德国农民提出用冰水来治疗各种身体和心理疾病。他甚至把自己家变成了一个疗养院，进行冰水治疗。

自从现代化的管道和供暖设备问世以来，热水澡和热水淋浴已成为常态。但最近，冷水浴再次流行起来。

耐力运动员表示，冷水浴能够加速肌肉的恢复。在伊恩·弗莱明（Ian Fleming）的“007系列”小说中，詹姆斯·邦德（James Bond）使用的“苏格兰式淋浴”（又叫“詹姆斯·邦德式淋浴”）在近期又流行起来，过程是先洗热水澡，然后再用冷水淋浴至少一分钟。

荷兰人维姆·霍夫（Wim Hof）等冷水浴大师能够在温度接近冰点的水中浸泡数小时，他们凭借这样的能力而名声大噪。

布拉格查尔斯大学（Charles University）的科学家们在《欧洲应用生理学杂志》（*European Journal of Applied Physiology*）上发表论文称，他们进行了一项实验，10名男性自愿在冷水（水温为14摄氏度，相当于57华氏度）中浸泡一小时（只将头部露出水面）。

通过血液样本，研究人员发现，在冷水中浸泡后，人体血浆（血液）中的多巴胺浓度增加了250%，血浆中的去甲肾上腺素浓度提高了530%。

在整个冷水浴的过程中，多巴胺稳步增加，并在随后一小时内始终保持较高的水平。去甲肾上腺素在前30分钟急剧上升，在后30分钟趋于平稳，并在随后的一小时内下降约三分之一，但即使在结束冷水浴后的第二个小时内，去甲肾上腺素的浓度仍然远高于基线水平。多巴胺水平和去甲肾上腺素水平的持续时间远远超过了疼痛刺激的时间，这解释了迈克尔的说法，“洗完冷水澡后……接下来的几个小时我都感觉棒极了”。

其他有关冷水浴对人类和动物大脑影响的研究显示，单胺类神经递质（多巴胺、去甲肾上腺素、5-羟色胺）均有类似程度的提升，这些神经递质能调节愉悦、动机、情绪、食欲、睡眠和警觉性。

除了神经递质之外，极端寒冷的环境也能促进动物的神经元生长，这一点变化尤为显著，因为我们都知道，神经元只有在极少数的情况下才会改变其微观结构。

克里斯蒂娜·G. 冯·德·奥赫（Christina G. von der Ohe）与同事研究了冬眠的地松鼠的大脑。在冬眠期间，地松鼠的身体和大脑的温度都会下降到 0.3~0.5 摄氏度。在气温达到冻结温度时，冬眠的地松鼠的神经元看起来像细长的树干，几乎没有树枝（树突），也没有叶子（微型树突）。

然而，将冬眠的地松鼠转移到温暖的环境中后，其神经元出现显著的再生，就像盛春时节的落叶林一样。这种再生的速度很快，几乎能与胚胎发育时所呈现的神经元可塑性相匹敌。

该研究的作者在结论中写道：“我们在冬眠动物的大脑中看到的结构变化是自然界中能够发现的最显著的变化之一……在发育中的恒河猴胚胎的海马区内，树突每天可延长 114 微米，而成年的冬眠动物在短短两小时内就能延长类似的长度。”

迈克尔偶然发现了冷水浴的好处，他的经历表明，在天平的痛苦端增加砝码，可以带来相反的效果——快乐。不同于在快乐端增加重量，在痛苦端增加重量所产生的多巴胺是间接的，可能会更加持久。那么它是如何发挥作用的呢?

痛苦可以触发人体自身的内稳态调节机制，从而产生快乐。在这种情况下，接受了痛苦刺激后，小精灵们会跳到天平的快乐一侧。

我们感受到的快乐是身体对痛苦的反射性的自然生理反应。马丁·路德（Martin Luther）通过禁食和自我鞭笞进行苦修，虽然是出于宗教原因，但他也从中获得了一点兴奋感。

通过间歇性的痛苦刺激，享乐的自然设定点会偏向快乐的一侧，随着时间的推移，我们对痛苦的感受力降低，也能感受到更多的快乐。

20 世纪 60 年代末，科学家在狗身上进行了一系列实验，由于过程非常残忍，当今科学界已经禁止了这类实验。但这些实验提供了关于大脑内稳态（或保持天平水平）的重要信息。

在实验中，研究人员将狗的后爪连接电流，他们发现："在最初的几次电击中，狗表现得非常恐惧。它尖声吠叫，满地打滚，瞳孔放大，眼睛凸出，毛发竖立，耳朵向后倒，尾巴卷曲在两腿之间。可以看到排便和排尿，此外还有其他许多强烈的自主神经系统活动的症状。"

在第一次电击后，解开保护带，"狗在房间内缓慢地行走，看起来偷偷摸摸、犹豫不决，似乎很不友好"。在第一次电击期间，狗的心率增加到 150 次 / 分钟，高于静止状态下的基线水平。电击结束后一分钟内，狗的心率降低至 30 次 / 分钟，低于基线水平。

在随后进行的几次电击中，“狗的行为逐渐改变。在电击过程中，恐惧消失了。相反，它表现出痛苦、恼怒或焦虑，但并未表现出害怕的样子。例如，它不再尖声吠叫，而是发出哀鸣，没有再出现排尿、排便或挣扎的现象。电击结束后立刻解开保护带，狗会四处狂奔，跳到人身上并摇晃尾巴，那时我们将这称为‘一阵喜悦’”。

在后来的这几次电击过程中，狗的心率只略高于静止状态下的基线水平，并且仅持续几秒钟。电击结束后，心率显著下降至60次/分钟，低于基线水平，但是第一次电击后的心率的两倍。且这一次经过了整整五分钟，狗的心率才恢复到静止状态下的基线水平。

反复接受痛苦的刺激后，狗的情绪和心率都发生了相应的变化。最初的（痛苦）反应持续时间缩短，且强度减弱。电击过后的（愉悦）反应持续时间延长，且强度提升。痛苦变成过度警觉，然后又变成“一阵喜悦”。心率升高（这与打架或逃跑反应一致）变成心率小幅度地提升，随后出现持续的心动过缓，这是在极度放松的状态下才会出现的情况。

在阅读实验过程时，我们难免会同情在实验中遭受如此折磨的动物。然而，所谓的“一阵喜悦”暗示了一种诱人的可能性：通过在天平的痛苦端施加压力，我们能否获得一个更加持久的快乐之源？

这个想法并不新鲜，古代哲学家也观察到了类似的现象。据柏拉图在《苏格拉底为何不惧死亡》中记载，苏格拉底在两千多年前就曾思考过痛苦和快乐之间的关系：

> 我们所谓愉快，真是件怪东西！愉快总是莫名其妙地和痛苦连在一起。看上来，愉快和痛苦好像是一对冤家，谁也不会同时和这两个一起相逢的。可是谁要是追求这一个而追到了，就势必碰到那一个。愉快和痛苦好像是同一个脑袋下面连生的两个身体……这个来了，那个紧跟着也到。我现在正是这个情况。我这条腿被锁链锁得好痛，现在痛苦走了，愉快跟着就来了。[1]

1969 年，美国心脏病学家海伦·陶西格（Helen Taussig）在《美国科学家》（*American Scientist*）杂志上发表了一篇文章，讲述了一个人被闪电击中的经历："邻居的儿子从高尔夫球场回来时被闪电击中。他倒在地上，短裤被撕成碎片，大腿被烧伤。当他的同伴让他坐起来时，他尖叫道：'我要死了，我要死了。'他的两腿发青，已经失去了知觉，无法动弹。当他被送到最近的医院时，整个人处于极度兴奋的状态中，脉搏非常平缓。"这个故事让人回想起实验中狗所经历的"一阵喜悦"，包括脉搏放缓的现象。

1　此段译文参考杨绛译作《斐多》（由生活·读书·新知三联书店出版）。——译者注

我们都曾体验过痛苦过后的快乐。也许像苏格拉底一样，你也注意到，生病一段时间后，情绪会有所改善，运动后会获得“跑者高潮”，或者看完一部恐怖电影后感到莫名的愉悦。正如痛苦是我们为快乐所付出的代价一样，快乐也是我们从痛苦中得到的回报。

毒物兴奋效应研究

毒物兴奋效应（hormesis）是指小剂量到中等剂量的有害刺激与/或疼痛刺激所产生的有益作用，这些刺激包括寒冷、炎热、重力变化、辐射、限制进食和运动等。“毒物兴奋效应”源于古希腊词语 hormáein，意思是启动、推动、激励。

美国毒物学家、毒物兴奋效应研究领域的先驱爱德华·J. 卡拉布雷斯（Edward J.Calabrese）将这种现象描述为“生物系统对来自环境或自我施加的温和挑战的适应性反应，通过这种反应，生物系统可以提高其功能性与/或对严峻挑战的耐受性”。

蠕虫喜欢生活在 20 摄氏度的温度下，如果将其暴露于高于此温度的环境中（35 摄氏度两小时），那么与未暴露在高温下的蠕虫相比，前者的寿命延长了 25%，且在后续高温环境中存活的可能性也提高了 25%。但是过长时间的高温刺激是有害的。如果将暴露在高温下的时间由两小时延长至四小时，蠕虫的耐热性反而会降低，且寿命也会缩短四分之一。

将果蝇放在离心机中快速旋转两个星期到四个星期，与未经过旋转的果蝇相比，前者的寿命更长，并且在晚年时更加敏捷，飞行的高度更高、距离更长。但是，如果再延长旋转时间，果蝇也并未因此变得更加健壮。

1945 年日本遭受核武器袭击，在袭击中心之外的日本公民中，受到低剂量辐射的人可能比未受辐射的人寿命略长，癌症发病率也有所降低。但在原子弹爆炸点附近的居民中，约有二十万人在爆炸瞬间死亡。

作者认为，“低剂量的刺激引发 DNA 损伤修复，受到刺激后的细胞凋亡（细胞死亡）可去除异常细胞，通过刺激抗癌免疫消除癌细胞”，这三点是辐射兴奋效应能够产生有益作用的关键。

请注意，这些实验结果存在一定的争议，后来有一篇发表在著名期刊《柳叶刀》（*Lancet*）上的论文对此提出了质疑。

间歇性禁食和限制热量摄入可以延长啮齿动物和猴子的寿命，同时提高它们对年龄相关疾病的抵抗力，降低血压，提高心率变异性。

作为一种减肥和改善健康的方法，间歇性禁食已成为一种潮流。禁食算法包括隔日禁食、每周一天禁食、每天 9 小时禁食、每天一餐禁食、16:8 饮食法（每天断食 16 小时，在剩余 8 小时内完成所有进食）等。

美国著名脱口秀主持人吉米・坎摩尔（Jimmy Kimmel）是间

歇性禁食的践行者。“这几年我一直在实践的方法是，每个星期饿自己两天……在每周一和周四，我摄入的热量均低于500卡路里，然后在剩下的五天里，我会大吃特吃。这样做会让身体‘大吃一惊’，始终猜不透是怎么回事。”

不久前，这种禁食行为可能会被贴上“饮食障碍”的标签。过低的热量摄入有害身体健康，原因显而易见。但在今天的某些圈子里，禁食被视为正常，甚至是健康的行为。

那么运动呢？

运动会直接对细胞产生有害作用，导致体温升高，产生有害的氧化剂，造成缺氧缺糖性损伤。然而大量证据表明，运动有益健康。缺乏运动，特别是长期只吃不动——而且整天吃得太多——有致命的危害。

运动能够增加参与调节积极情绪的神经递质：多巴胺、5-羟色胺、去甲肾上腺素、肾上腺素、内源性大麻素和内源性阿片肽（内啡肽）。运动有助于新的神经元和起支撑作用的神经胶质细胞的生长，甚至可以降低吸毒和药物成瘾的可能性。

让大鼠使用跑轮运动六个星期，然后使其自由获取可卡因，与未进行过运动训练的大鼠相比，前者自行服用可卡因的时间更晚，且频率更低。将可卡因换成海洛因、甲基苯丙胺和酒精，也能看到类似的结果。即使动物并非主动运动，而是被强迫运动，运动后它的自愿服药量依然会减少。

在人类身上，初中时期、高中时期和成年早期参加高质量的体育活动，可以降低对成瘾物质的使用程度。研究也证明，运动可以帮助那些成瘾者戒断或减少用药。

对不同动物门类的研究已经证明了多巴胺对运动神经回路的重要性。秀丽隐杆线虫是一种蠕虫，也是最简单的实验动物之一。受到标志着本地食物丰富的环境刺激时，秀丽隐杆线虫会释放多巴胺。多巴胺对身体运动的古老作用与它对动机的作用有关：为了得到渴望的东西，我们需要行动起来去得到它。

当然，今天的人们更容易获得多巴胺，甚至不需要离开沙发。调查报告显示，除睡觉以外，现在普通美国人有一半的时间是坐着的，比五十年前多了 50%。全球其他富裕国家的数据与之类似。在过去，我们每天都要穿越几十千米来争夺有限的食物，与之相比，现代久坐的生活方式所带来的负面影响是毁灭性的。

有时我不禁怀疑，现代人之所以容易对某些东西成瘾，是不是因为这些东西能提醒我们身体的存在。在最受欢迎的电子游戏中，游戏角色会跑、跳、爬、射、飞。智能手机要求我们滚动页面和点击屏幕，巧妙地利用重复性动作的古老习惯，这种习惯可能是在几个世纪的碾磨小麦和采摘浆果的过程中养成的。当代人之所以对性爱念念不忘，原因可能在于性爱是最后一项仍被广泛使用的身体活动。

获得幸福的关键是从沙发上起身，让真实的身体动起来，而不仅仅是移动虚拟的身体。正如我对病人所说，每天在社区内散步 30 分钟就能产生效果。因为证据是无可争辩的：与我开的所有药片相比，运动对情绪、焦虑、认知、精力和睡眠的积极影响更加深远和持久。

但追求痛苦比追求快乐更加困难。它违背了我们与生俱来的趋乐避苦的本能，增加了认知负荷：我们必须记住，疼痛过后就能获得快乐，但我们对这类事情非常健忘。每天早上我都要强迫自己才能起床去锻炼，这让我明白，我必须每天重新学习有关痛苦的经验。

追求痛苦也是一种反文化的行为，与现代生活中多方面所传达的令人快乐的信号背道而驰。佛陀教导我们在痛苦和快乐之间寻找中庸之道，但即使是中庸之道也掺杂了“方便的暴政”(tyranny of convenience)。

因此，我们必须追求痛苦，在生活中拥抱痛苦。

以痛制痛

公元前400年，希波克拉底 (Hippocrates) 在《格言》(*Aphorisms*) 中写道：“当身体的两个部位同时发生两种疼痛时，其中一种疼痛越强烈，另一种就越微弱。”可见，至少从那时候开始，人们就有意识地用疼痛来治疗疼痛。

医学史上有很多利用疼痛刺激或有害刺激来治疗疾病的例子。其中一些方法被称为“英雄疗法”——拔罐、针灸、烧灼、艾灸——在 20 世纪之前，疼痛疗法曾得到广泛应用。随着医学界发现了药物疗法，到了 20 世纪，英雄疗法的流行度开始下降。

随着药物治疗的出现，以痛制痛逐渐被视为一种江湖骗术。但是，近几十年来，药物治疗的局限性和危害逐渐成为关注的焦点，于是人们对包括疼痛疗法在内的非药物治疗的兴趣被重新点燃。

2011 年，来自德国的克里斯蒂安·斯普伦格（Christian Sprenger）与同事在一本重要的医学杂志上发表文章，为希波克拉底的关于疼痛的古老观点提供了实验证据的支持。他们利用神经成像技术（大脑实时图像）研究了 20 名健康年轻男性的手臂和腿部接受热刺激和其他疼痛刺激后的反应。

他们发现，第一次刺激引起的主观疼痛体验到了第二次刺激后有所减轻。此外，阿片受体阻滞剂纳洛酮会阻碍这种变化，说明疼痛刺激会触发身体释放内源性（自制）阿片类物质。

2001 年，中国中医研究院教授刘乡在《科学通报》上发表论文，回顾了历史悠久的针刺疗法，并从现代科学的角度解释了它的工作原理。他认为，针刺疗法通过疼痛发挥疗效，主要方法是用针刺入皮肤：“针刺是能破坏组织引起疼痛的损伤性刺激……以小痛抑制大痛！”

目前，人们正在研究将阿片受体阻滞剂纳曲酮用于慢性疼痛的治疗。其原理是，通过阻断阿片类物质的作用，包括人体自身制造的阿片类物质（内啡肽），以此来诱骗身体产生适应性反应，制造更多的阿片类物质。

28名患有纤维肌痛的女性每天服用一片低剂量的纳曲酮（4.5毫克），持续12周，然后每天服用一颗糖丸（无效对照剂），持续4周（或者先服用糖丸4周再服用纳曲酮12周）。纤维肌痛是一种病因不明的慢性疼痛疾病，一般认为可能与个体天生的疼痛耐受阈值较低有关。

这是一项双盲实验，意味着参与研究的女性与医疗团队都不知道她们服用的是哪种药片。每位女性每天都会用掌上电脑来记录自己的疼痛、疲劳和其他症状，并且在停止服用药片后的4周内，继续记录自己的症状。

该研究报告称："与对照剂相比，实验参与者在服用低剂量纳曲酮时的疼痛评分显著降低。参与者的记录显示，服用低剂量纳曲酮时，参与者的生活整体满意度与情绪都有所改善。"

从20世纪初期开始，人们就已经使用电击来治疗精神疾病。1938年4月，乌戈·切莱蒂（Ugo Cerletti）和卢西奥·比尼（Lucino Bini）首次采用电痉挛疗法（ECT）对一名四十岁的患者进行治疗，对于该患者的描述如下：

"他只能说一些难以理解的胡言乱语，满嘴都是稀奇古怪的新词。他从米兰乘坐火车来到此地，身上却没有车票，所以我们也无法确定他的身份。”

当切莱蒂和比尼第一次给这位病人的大脑通电时，他们发现“病人突然从床上跳起来，全身的肌肉瞬间绷紧；之后他立即瘫倒在床上，但并未失去意识。不一会儿，病人开始高声歌唱，随即又陷入沉默。根据我们在狗身上所做的实验来看，这一次的电压太低了。”

切莱蒂和比尼就是否应该增加电压再进行一次电击展开了争论。当他们谈话时，病人喊道：“千万不要！它会杀了我！”尽管他提出了抗议，但切莱蒂和比尼还是施加了第二次电击——这是一则警示故事，提醒 1938 年的人们不要在没有火车票或“身份不明”的情况下离开米兰。

“病人”从第二次电击中恢复过来后，切莱蒂和比尼发现“他主动坐了起来，平静地环顾四周，脸上还带着茫然的微笑，好像在问人们希望他做什么。我问他：‘你怎么了？’他回答了我的问题，不再胡言乱语：‘我不知道，也许我睡着了。’这位病人在两个月内又接受了十三次电痉挛疗法，据报告显示，他已经完全康复，可以出院了。”

今天的电痉挛疗法已经更加人性化，但仍然有良好的疗效。治疗过程中使用肌松药可以防止痛苦的肌肉挛缩。麻醉剂可以使病人在整个过程中保持沉睡，病人大部分时间处于无意识状态。因此，我们今天不能说疼痛本身就是中介因素。

尽管如此，电痉挛疗法给大脑提供了一种刺激，反过来激发了广泛的代偿反应，以重新维持内稳态："电痉挛疗法为大脑的宏观环境和微观环境带来了各种神经生理和神经化学方面的变化。基因表达、功能连接、神经化学物质、血脑屏障通透性、免疫系统改变等各种变化都被视为电痉挛疗法的疗效。"

你应该还记得戴维，那个腼腆的电脑迷，曾因处方兴奋剂成瘾而住进了医院。

出院后，他开始每周接受一次暴露疗法，他的治疗师是我们团队中一位才华横溢的年轻专家。暴露疗法的基本原则是，让患者逐步接触那些引发其试图摆脱的不适情绪的所有事物和行为——人群、驾车过桥、乘坐飞机——以此提高他们对此类事物和行为的容忍能力。最终，他们甚至有可能喜欢上这些事。

正如古往今来被人们广泛引用的哲学家弗里德里希·尼采（Friedrich Nietzsche）的名言，"凡不能毁灭我的，必使我强大"。

戴维最大的恐惧来自与陌生人交流，因此他的第一项任务就是强迫自己与同事闲聊。

几个月后他告诉我："我的任务是在工作时去厨房、休息室或餐厅，随机地找人聊天。我有一个脚本：'嗨，我叫戴维，从事软件开发。你做什么工作？'我制订了一个时间表，分别在午饭前、午饭中和午饭后与人聊天。我会评估自己在聊天前、聊天过程中和聊天后的焦虑分数，从1分到100分，100分是我能想象到的最严重的焦虑状态。"

在当今世界，我们需要计数的东西越来越多——步数、呼吸数、心跳数——给某件事加上数字，这已成为我们掌握体验并描述体验的方式。对我来说，量化并不是第二天性，但我已经学会了适应，因为这种自我意识的方法似乎特别适合硅谷那些有科学思维的计算机和工程从业人员。

"和陌生人互动前你的感觉如何？嗯，你给自己的焦虑程度打多少分？"我问。

"100分。与人交流之前我只会感到害怕。脸红，出汗。"

"你害怕什么？"

"我害怕别人会看着我发笑。或者打电话给人事关系部或安保部门，因为我看起来像个疯子。"

"实际上呢？"

"我担心的事情都没有发生。没有人给人事关系部或安保部门打电话。我会尽可能延长聊天的时间，不让焦虑影响我，同时也尊重他们的时间。我们的互动大概会持续四分钟。"

"结束后你感觉如何？"

"结束后我的焦虑分数大约是40分。焦虑感降低了很多。所以我按照时间表每周挑选一天，完成三次与陌生人的互动。就这样过了几个星期，这项任务变得越来越容易。然后我开始尝试与工作之外的人交流。"

"跟我说说。"

"在星巴克时，我会特意与服务员闲聊。以前我从不会这么做。我总是用应用程序点咖啡，避免与任何人交流。但这一次，我径直走到柜台前点咖啡。我最大的恐惧是说或者做一些蠢事。一开始我做得很好，结果后来我把一点儿咖啡洒在了柜台上。我感到非常难堪。我对治疗师讲了这件事，她让我再做一次——这次要故意将咖啡洒到柜台上。于是再去星巴克的时候，我故意将咖啡洒了出来。我感到很焦虑，但我已经习惯了。”

“你在笑什么？”

“我简直不敢相信，我现在的生活竟然发生了这么大的变化。我的戒备心降低了。我不必为了避免与人交流而做太多的事先计划。现在我可以乘坐拥挤的列车了，再也不用因为要等下一班甚至再下一班列车而导致上班迟到。我真的很喜欢与那些以后可能不会再见的人交流。”

亚历克斯·霍诺尔德（Alex Honnold）在不使用安全绳的情况下徒手爬上了优胜美地（Yosemite）的酋长巨石（El Capitan），此举令他名声大噪。脑部成像显示，他的杏仁核激活水平低于正常值。对大多数人来说，当我们看到恐怖画面时，功能性磁共振成像中的大脑杏仁核会亮起。

研究霍诺尔德大脑的科学家推测，与其他人相比，霍诺尔德天生恐惧感较低，因而使他能够完成超人的攀岩壮举。

但霍诺尔德本人不同意这个解释：“我多次完成了单人攀岩，并且刻苦钻研攀登技巧，因此我的舒适区范围相当大。所以，虽然我做的事情看起来非常离谱，但对我来说这些都是正常的。”

霍诺尔德的大脑之所以异于常人，最有可能的解释是经过神经适应，他已经产生了对恐惧的耐受性。我想，在恐惧敏感性方面，霍诺尔德的大脑与普通大脑没有什么不同。不同的是，多年的攀岩经历训练了他的大脑，使其不容易对可怕的刺激做出反应。与普通人相比，霍诺尔德的大脑更不易受到惊吓，因为他完成的不畏死亡的壮举越来越多。

值得注意的是，当用功能性磁共振成像仪器扫描霍诺尔德那“无所畏惧的大脑”时，他差一点儿惊慌失措，这说明，对恐惧的耐受性未必能转化到所有的体验中。

亚历克斯·霍诺尔德与我的病人戴维都在攀登同一座恐惧之山，只是两人攀登的部分不同。霍诺尔德的大脑适应了不用安全绳的徒手攀岩，同样的，戴维也长出了能够忍受焦虑的心理老茧，同时产生了自我效能感，并有自信在这个世界上生存下去。

以痛制痛，以焦虑抑制焦虑。这种方法是违背直觉的，与我们在过去一百五十年里所学到的关于如何治疗疾病、缓解痛苦和不适的经验完全相反。

痛苦成瘾

迈克尔说：“随着时间的推移，我意识到，一开始受到冷水刺激时，我感受到的疼痛强度越高，之后的兴奋感就越强。所以我开始想方设法加大力度。”

“我买了一个肉类冷冻柜——一个带盖子和内置冷却盘管的水槽，每天晚上注满水。到了早上，表面会形成一层薄冰，温度达到 30 华氏度以下。在泡进去之前，我必须先将冰层打破。”

“后来我又听说，几分钟后身体会将水加热，除非水能像旋涡一样流动起来。所以我买了一个马达，准备在冰水浴的时候放进去。这样，当我泡在水里的时候，可以维持接近冰点的温度。我还给床添了一个液压床垫，让它保持在最低温度，大约 55 华氏度（13 摄氏度）。”

这时迈克尔突然停了下来，冲我歪嘴一笑。“哇，说到这里我才意识到……我好像是上瘾了。”

2019 年 4 月，缅因大学（University of Maine）的艾伦 · 罗森沃瑟（Alan Rosenwasser）教授给我发来电子邮件，想拷贝一份我与同事最近发表的通过运动治疗成瘾的文章。我与他素未谋面。得到出版商的许可后，我将相关章节发送给他。

大约一周后，我收到了他的回信，信中包含如下内容：

> 非常感谢您的分享。我注意到了一个您未进行讨论的问题，那就是大鼠和小鼠的跑轮运动是出于自愿还是病态（运动成瘾）。将某些动物放置在跑轮内，它们会呈现出过

度奔跑的状态，而且有研究表明，野生啮齿动物也会使用跑轮。

这个问题引起了我的兴趣，于是我马上给他回信。罗森沃瑟博士用了四十年的时间研究昼夜节律，也被称为“生物钟场”。通过接下来与他的一系列交流，我对跑轮有了新的认识。

罗森沃瑟告诉我：“第一次进行这项研究时，人们误认为跑轮可以追踪动物的自发活动，了解动物是在休息还是在运动。然而在研究过程中，人们逐渐意识到，跑轮不是静止不动的，它本身带有一定的趣味性。其中一个触发因素是成年后的海马神经发生。”

这是指几十年前的一项发现，与之前的学说相反，直至成年中后期，人类大脑依然可以生成新的神经元。

“当人们认同大脑可以生成新的神经元并整合到神经回路中，”罗森沃瑟继续说，“刺激神经发生的最简单的方法之一就是使用跑轮，这甚至比丰富的环境（例如复杂的迷宫）更加有效。于是开启了一个有关跑轮研究的时代。”

“事实证明，控制跑轮运动的内源性阿片类物质、多巴胺、内源性大麻素通路也会驱使人们强迫性使用成瘾物质。重要的是要知道，跑轮运动未必是健康生活方式的典范。”

简而言之，跑轮也是一种成瘾物质。

将大鼠放置在一个230米长的复杂迷宫中，在其中摆放水、食物、挖掘工具、巢穴——换句话说，这个区域内有许多有趣的东西——此外再放置一个跑轮，大鼠就会将大量时间花在跑轮运动上，对迷宫中的大部分设施置之不理。

一旦啮齿动物开始使用跑轮，它们就很难停下来。与在平坦的跑步机上或迷宫中，以及在自然环境中的正常跑动相比，啮齿动物在跑轮中跑动的距离更长。

在笼具中的啮齿动物上了跑轮后，也会一直奔跑，直到尾巴永久地向上弯曲，且尾巴末端指向头部，变成跑轮的形状——跑轮越小，尾巴的弯曲就越清晰。在某些情况下，大鼠会一直跑到死。

跑轮的位置、新颖性和复杂程度会影响啮齿动物对它的使用。

与圆形跑轮相比，野生小鼠更喜欢方形跑轮和有障碍物的跑轮。它们在跑动时表现出非凡的协调能力和技巧。就像滑板公园里的少年一样，“无论是向前还是向后，它们总能一次次地将自己抬到接近顶部的位置，沿着跑轮表面奔跑，或者在跑轮之外，站在顶部奔跑，靠尾巴保持平衡”。

C.M. 舍温（C. M. Sherwin）在 1997 年关于跑轮的报告中推测，跑轮本身具有强化性：

> 跑轮转动时，有三个方面的特征可能会对动物产生强化作用。在跑轮转动的过程中，动物会经历运动速度和方

向的快速变化，部分原因在于外源性的力：跑轮的动量和惯性。这种体验具有强化作用，类似于（一些！）人们喜欢在游乐场乘坐娱乐设施，尤其是那种在垂直方向上运动的设施。在“自然”环境中，动物在运动中几乎不可能经历这种变化。

荷兰莱顿大学（Leiden University）医学中心的约翰娜·梅杰（Johanna Meijer）和尤里·罗伯斯（Yuri Robbers）在一个野生小鼠栖居的城区内放置了一个跑轮，在不对公众开放的沙丘上放置了另一个跑轮。他们在两个地点分别架设了一台摄像机，记录两年来每一只使用跑轮的动物。

结果显示，有数百只动物使用过跑轮。“通过观察发现，一年到头都有野生小鼠在跑轮上运动。在城市绿地中，从晚春时节开始，使用跑轮的小鼠数量增加，到夏季数量达到最大；在沙丘上，从盛夏到夏末开始，使用跑轮的小鼠数量陆续增加，在晚秋时节数量达到最大。”

使用跑轮的动物不只限于野生小鼠，还有鼩鼱、大鼠、蜗牛、蛞蝓和青蛙，从大多数动物的表现来看，它们是有意且有目的地使用跑轮。

作者因此得出结论：“即使没有相应的食物奖励，跑轮运动也让这些动物尝到了甜头，这证明与觅食无关的动机系统具有重要的作用。”

极限运动——跳伞、风筝冲浪、悬挂滑翔运动、雪橇、高山滑雪/单板滑雪、瀑布皮划艇、攀冰、山地自行车、高空秋千、蹦极、低空跳伞、翼装飞行——就是快速给快乐－痛苦天平的痛苦端增加重量。剧烈的疼痛/恐惧和肾上腺素的飙升，创造出一种强效的药物。

科学家们已经证明，单靠压力就可以提高大脑奖赏回路中的多巴胺水平，由此产生的大脑变化与可卡因和甲基苯丙胺等成瘾药物导致的大脑变化相同。

反复接受快乐刺激后，我们会对快乐的刺激产生耐受性，同样的，我们也会对痛苦刺激产生耐受性，使天平重新向痛苦的一侧倾倒。

对跳伞运动员与对照组（划船运动员）的对比研究发现，多次参与跳伞的人在以后更有可能出现快感缺失，即难以感受到快乐。

研究者写道：“跳伞与其他成瘾行为有相似之处，参与者频繁体验‘自然高潮’，因此才会出现快感缺失。”我很难将从13000英尺高的飞机上跳下来称为“自然高潮”，但我确实同意作者的基本结论：跳伞会上瘾，如果经常参与这项活动，可能会导致持续的烦躁。

科技也在帮助人类不断突破痛苦的极限。

2015年7月12日，超级马拉松选手斯科特·尤雷克（Scott

Jurek）打破了阿巴拉契亚国家步道的速度纪录。他从佐治亚州出发，用了46天8小时7分钟跑到缅因州（2189英里）。为了完成这一壮举，他需要依靠以下技术和设备：轻便防水且隔热的衣服、“太空网”跑鞋、GPS卫星跟踪器、GPS手表、iPhone、水合系统、电解质片、铝制折叠登山杖、“模拟喷雾的工业用喷雾器”、“用于身体降温的冷却器”、每天摄入6000~7000卡路里，此外还有一台气压腿部按摩器，由他的妻子和工作人员驾驶的保障车顶部的太阳能板供电。

2017年11月，刘易斯·皮尤（Lewis Pugh）在只穿泳衣的情况下在南极洲附近零下3摄氏度（26华氏度）的水中游泳一千米。要抵达指定水域，皮尤需要从家乡南非乘飞机和轮船前往遥远的英国岛屿南乔治亚岛（South Georgia）。游泳结束后，工作人员迅速将皮尤带到附近的一艘船上，让他在热水中浸泡50分钟，使他的核心体温恢复正常。如果没有这种干预，他必然会有生命危险。

亚历克斯·霍诺尔德在攀登酋长巨石时似乎完全没有使用人类现有的技术。没有绳子，没有装备，只有一个人带着不畏死亡的勇气和掌控力来对抗地心引力。但据其他人所说，霍诺尔德“花了数百个小时反复攀爬Freerider路线（他选择的路线），在有绳索保护的情况下精确排练每一步动作，记忆数千个复杂的手脚动作顺序”，否则他不可能完成最后的壮举。

一个专业的电影摄制组跟踪拍摄了霍诺尔德的攀登过程，并制作成电影，观影人次达数百万，在社交媒体上引发了巨大的关注，也使霍诺尔德享誉全球。财富和名望是多巴胺经济的另一个方面，也是导致人们对这些极限运动成瘾的潜在因素。

“过度训练综合征”一词充分描述了耐力运动员会出现的一种情况，但我们对该情况了解甚少。他们进行了大量的训练，以至于运动无法再像以前一样产生丰富的内啡肽。相反，运动会让他们感到精疲力竭和烦躁不安，就好像他们的奖赏平衡已经达到极限并停止工作，类似于我们在患者克里斯身上看到的情况以及阿片类药物引起的反应。

我的意思不是说所有从事极限运动或耐力运动的人都会成瘾，而是强调随着力度、数量和持续时间的增加，任何物质或行为的成瘾风险都会增加。天平过度地、长时间地倒向痛苦一侧，最终可能会导致持续的多巴胺缺乏。

如果痛苦过于强烈，或者形式过于激烈，对痛苦成瘾的风险就会增加，这是我在临床实践中观察到的现象。我的一位患者存在跑步过度的问题，甚至连腿骨骨折的时候都没有停止跑步；另一名患者会用剃须刀片割伤自己的前臂和大腿内侧，以感受一种极度的兴奋，平息大脑中持续不断的思绪。即使面对严重的疤痕和感染风险，她也无法停止用刀片切割自己的身体。

我将他们的行为归类为成瘾，并像对待成瘾患者一样为他们进行治疗，之后他们的情况大有好转。

工作成瘾

在社会上，“工作狂”往往会受人称道。最真实的例证就是硅谷，那里的员工普遍每周要工作 100 小时，每天 24 小时待命。

曾经我每个月都会因工作出差，这种状态持续了三年，到 2019 年，我决定限制出差的次数，努力恢复工作和家庭生活的平衡。起初，我明确地告诉别人原因：我想多花点儿时间和家人在一起。对方听后往往火冒三丈，因为我用“多花点儿时间和家人在一起”这种不正经的嬉皮理由拒绝了他们的邀请。后来我改变了话术，以另有安排为理由，对方的反应就好多了，似乎我在其他地方工作就没有问题。

如今，从奖金和股票期权的前景到升职的承诺，无形的激励已经融入白领的工作结构中。即使在医学领域，医疗服务提供者也会提高接诊数量，开更多的处方，做更多的手术。他们之所以这么做，是因为有激励措施的推动。每个月我都会收到一份关于我的工作效率的报告，以我代表我所在的机构开出的账单数量作为衡量指标。

相比之下，蓝领阶层的工作逐渐机械化，脱离了工作本身的意义。他们受雇于冷漠的雇主，用自己的劳动为雇主带来收益，但他们的自主性有限，只能获得微薄的经济收益，缺乏共同的使命感。零碎的装配线工作会破坏工人的成就感，减少与终端产品消费者的接触，而成就感以及与消费者的互动是内部动机的核心。因此蓝领阶层会出现“努力工作 / 尽情享乐”的心态，结束了一天繁重无聊的工作后，他们会将强迫性过度消费作为奖励。

正因如此，那些高中学历以下的底薪工作者的工作时间比以前更短，而受过高等教育的工薪阶层工作时间更长。

到 2002 年，收入最高的 20% 的人口长时间工作的可能性是收入最低的 20% 的人口的两倍，且这种趋势还在继续。经济学家推测，产生这一差异的原因是处于经济食物链顶端的人获得了更高的回报。

我发现有些时候，当我开始工作后，就很难停下来。聚精会神的“心流”本身就是一种成瘾物质，能够让大脑释放多巴胺，产生高潮。在现代的富裕国家，这种全神贯注可以换来丰厚的报酬，但它可能会阻碍我们在其他时间与朋友和家人建立亲密关系，此时它就成为一个陷阱。

关于痛苦的结论

也许是为了回答自己是否冷水浴成瘾的问题，迈克尔说：“这件事一直在可控的范围内。有那么两三年的时间，我每天早上都要泡十分钟的冷水浴。不过现在我不像以前那样热衷了。平均每周泡三次。”

他接着说：“最有意思的是，这已经变成了一种家庭活动，一些事情我也会和朋友一起做。其实吸毒往往也是为了社交。在大学里，很多人积极参加派对。大多数时间大家都坐在一起喝酒或吸食可卡因。”

“现在我不会再那么干了。相反，有几个朋友会来我家……他们也有孩子。我们聚在一起开一个冷水浴派对。我有一个水温40多华氏度的定制水槽，每个人轮流进去，出来后再进热水浴池。我们会设一个计时器，互相鼓励，孩子们也会加入进来。这种做法已经在朋友之间流行起来。在我的朋友圈中，有一群女性友人每周组团去一次海湾，那里的水温大约50多华氏度。她们会将自己的身体浸泡在水里，只将头部露在水面之上。”

“然后呢？”

“我也不知道，”他笑着说，“她们可能会从水里出来，然后开派对。”

我们都笑了起来。

“你多次提到，之所以泡冷水浴，是因为它让你感到自己充满活力。你能解释一下吗？”

“我并不是真心喜欢有活力的感觉。只是毒品和酒精让我喜欢上了这种感觉，但现在我不能再碰这些东西了。当我看到别人参加派对时，心里还是有些不平衡，我嫉妒他们能够得到这样的消遣。但我也知道他们只是被判了缓刑。冷水浴提醒我，充满活力的感觉很棒。”

如果经历过多的痛苦，或采用过于强烈的形式，我们也有可能出现毁灭性的强迫性过度消费问题。

但是，如果能合理地控制用量，“以小痛抑制大痛”，我们就能通过毒物兴奋效应进行治疗，甚至可能偶尔会迎来“一阵喜悦”。

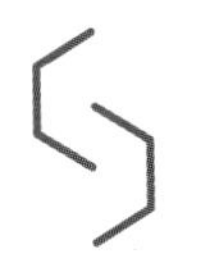

第8章 激进诚实

各大宗教和道德规范都将诚实作为一条基本教义和准则。在我的病人中，所有实现了长期康复的人都离不开讲真话，这对保持身心健康至关重要。我也相信，激进诚实不仅有助于限制强迫性过度消费，也是幸福生活的核心。

问题是，为什么诚实能够改善我们的生活呢？

首先，我们要明确，讲真话是痛苦的。自古以来人类就会说谎，无论我们承认与否，人人都会撒谎。

儿童最早从两岁开始就会说谎话。越是聪明的孩子，撒谎的可能性越大，也更加擅长撒谎。三到十四岁的孩子说谎的现象减少，这可能是因为孩子逐渐意识到了说谎对他人的伤害。另外，与儿童相比，成年人的计划和记忆能力更强，因此能够编造出更加复杂的有危害性的谎言。

成年人平均每天说谎 0.59 次到 1.56 次。“说谎精，说谎精，你的裤子着火了。”我们所有人的短裤应该都冒烟了。

人类并不是唯一具有欺骗能力的动物。动物王国里也充斥着用欺骗做武器和掩护的例子。例如，有些隐翅虫可以释放一种化学物质，使其散发出与蚂蚁相似的气味，从而将自己伪装成一只蚂蚁，打入蚁群内部。然后隐翅虫会吃掉蚂蚁卵和幼虫。

但任何动物的欺骗能力都无法与人类相匹敌。

进化生物学家推测，人类语言的发展使我们具备了说谎的倾向，并越来越善于说谎。过程可能是这样的：智人的进化最终形成了庞大的社会群体，大型社会团体之所以能够形成，是因为人类发展出了复杂的交流方式，可以进行高级的相互合作。用于合作的词语也可用于欺骗和误导。语言越高级，谎言就越复杂。

按理说，在争夺稀缺资源方面，谎言具有一定的适应性优势。但是，在一个物质丰富的世界里编造谎言，可能会面临孤立、渴求和病态的过度消费等问题。下面让我来解释一下。

2019 年 4 月，我和玛丽亚（Maria）相对而坐，我对她说：“你看起来状态不错。”她的深棕色头发颇有职业风格，衬得她十分漂亮。她穿了一件朴素的带领衬衫和休闲裤，面带微笑，神采奕奕，看起来很有活力，在我对她进行治疗的五年里，她一直如此。

自我认识玛丽亚以来，她的酒精使用障碍逐渐得到了缓解。

她参加了匿名戒酒会，找到了一个互助对象，因此她来找我的时候已经开始戒酒了。她偶尔来我这里挂号检查，并续开所需药物。我敢肯定，我从她身上学到的比她从我身上学到的更多。她让我明白了一件事，那就是诚实对她的康复至关重要。

在成长的过程中，玛丽亚学到的都是与之相反的经验。她有一个嗜酒的母亲，即使是开车载着玛丽亚的时候，母亲也会喝得烂醉。玛丽亚的父亲离开家几年，他没有向任何人透露他去了哪里，即使是现在，出于对父亲隐私的尊重，玛丽亚也不愿透露那个地方的名字。她只能在照顾弟弟妹妹的同时，向外界假装家里一切正常。二十多岁的时候，玛丽亚开始酗酒，那时她已经练就了在不同环境中切换自己的能力。

在玛丽亚戒酒的过程中，诚实发挥了重要的作用。为了说明这一点，她给我讲了一个故事。

“有一天，我下班回家，看到一个来自亚马逊商店的快递，收件人是马里奥（Mario）。”

马里奥是玛丽亚的弟弟。硅谷的房价很高，为了节省房租，马里奥一直住在玛丽亚与她的丈夫迭戈（Diego）的家里。

“虽然不是寄给我的，但我还是决定打开它。我的心里有一个声音对我说不应该这么做。以前我也拆过他的包裹，当时他非常生气。但我知道我可以再用上次用过的借口：我看错了收件人的名字，因为我们俩的名字太相似了。我告诉自己，在辛苦工作了一天之后，我应该找一点儿乐子。现在我已经不记得包裹里装的是什么了。”

“打开包裹后，我将它重新密封，和其他邮件放在一起。说实话，我把这件事忘了。过了几个小时，马里奥回到家，立即指责我拆了他的包裹。我撒谎说自己没有打开过。他一次又一次地质问我，我一次又一次地撒谎。他不停地说：‘好像有人打开过它。’我不停地说：‘不是我。’他非常生气，带着邮件和包裹回到自己的房间，摔上了门。”

“那天晚上我没有睡好。第二天早上，我知道自己必须要做什么。我走进厨房，马里奥和迭戈正在吃早餐。我对马里奥说：‘马里奥，我确实打开了你的包裹。我知道那是寄给你的，但我还是打开了。然后为了掩盖这件事，我撒谎了。对不起，请原谅我。’”

“为什么诚实对你的康复这么重要？”我问道。

“酗酒的时候，我从来不会承认事实。那时，我对每件事都说谎，从来不会为我所做的事情负责。我编的谎言太多了，其中一半甚至毫无意义。”

玛丽亚的丈夫迭戈曾告诉我，玛丽亚过去常常躲在浴室里喝酒，她会打开淋浴器，以为这样迭戈就听不到啤酒瓶开启的声音。但她却没意识到，她将开瓶器藏在浴室门后，每次拿出来的时候，迭戈都能听到开瓶器的叮当声。迭戈告诉我，玛丽亚曾有一次喝光了六瓶啤酒，然后在酒瓶中灌满水，并将瓶盖粘上去。“她真的认为我闻不到胶水的味道，或者尝不出水和酒的区别吗？”

玛丽亚说：“为了掩盖酗酒的行为，我会撒谎，但在其他事情上我也撒谎，包括那些根本不重要的事情，比如我要去哪里，什么时候回来，为什么迟到，早餐吃了什么。”

玛丽亚已经撒谎成性。起初是为了掩盖母亲的酗酒和父亲的缺席，后来是为了掩盖自己的酒精成瘾，最终演变成为撒谎而撒谎。

养成撒谎的习惯非常容易。我们经常说谎，大多数时候可能自己都没有意识到这一点。我们说的谎言可能非常小，难以察觉，以至于我们相信自己说的是实话，或者我们知道自己在撒谎，却认为这无关紧要。

“那天，当我向马里奥说出真相时，尽管我知道他会生气，但我也知道我的思想和生活确实发生了一些变化。我知道我必须以另一种方式生活，一种更好的方式。我已经受够了那些充斥在脑海中的小谎言，它们让我感到内疚和恐惧……因为撒谎而内疚，害怕谎言被拆穿而心生恐惧。我意识到，只要说实话，我就不会再有这些烦恼了。我解脱了。我向弟弟坦白了快递的事情，这成为我们日后建立亲密关系的一个跳板。坦白之后我回到楼上，感觉非常好。”

激进诚实——无论事情大小，都要说实话，特别是当实话会暴露我们的弱点并带来相应后果的时候——不仅对戒瘾至关重要，对所有希望在这个奖赏饱和的生态系统中维持平衡生活的人来说同样重要。诚实的作用是多方面的。

第一，激进诚实可以增强我们对自身行为的意识。第二，它促进了亲密的人际关系。第三，它能使我们如实地看待自己，让我们不仅对现在的自己负责，也对未来的自己负责。此外，诚实具有传染性，甚至有可能避免未来出现成瘾问题。

自我意识

在前文中，为了说明物理性自我约束，我引用了关于奥德修斯的希腊神话。这个神话故事的结尾鲜为人知，但它与我们现在讨论的问题相关。

你应该还记得，奥德修斯命船员将他绑在帆船的桅杆上，以抵御塞壬的诱惑。但是思考一下就会发现，他本可以像其他船员那样，用蜂蜡塞住耳朵即可，这样可以避免很多麻烦。但奥德修斯并不是在自讨苦吃。只有听过塞壬歌声的人能够活下来讲述故事，才能证明塞壬被杀死了。奥德修斯通过事后讲述那九死一生的航行，从而彻底击败了塞壬。他在讲述的过程中完成了搏杀。

奥德修斯的神话凸显了行为改变的一个关键特征：讲述自己的经历可以让我们控制这些经历。无论是进行心理治疗，与匿名戒酒会的互助对象交谈，向神父忏悔，向朋友倾诉，还是在日记中记录，我们诚实地公开自己可以使我们的行为得到宽慰，甚至在某些情况下让我们第一次注意到该行为，特别是那些未受意识控制的自动性的行为。

当我强迫性地阅读爱情小说时，只有部分自我意识到了这件事。也就是说，我一方面意识到了这种行为，另一方面也没有意识到它。这是成瘾问题中的常见现象，是类似于入睡前幻觉的半清醒状态，通常被称为“否认心态”。

否认心态的成因可能是大脑的奖赏回路与更高级的大脑皮层区域之间切断了联系，大脑皮层区域使我们能够讲述生活中发生的事件、理解后果，并为未来做计划。许多成瘾治疗方案中都涉及强化和重新建立大脑这些区域之间的联系。

神经科学家克里斯蒂安·鲁夫（Christian Ruff）与同事研究了诚实的神经生物学机制。他们进行了一项实验，邀请参与者（共 145 人）玩一个游戏：通过计算机界面掷骰子以赢取相应的奖金。每次掷骰子前，电脑屏幕会显示哪些结果会获得货币奖励，最高奖励金额可达 90 瑞士法郎（约合 100 美元）。

与赌场赌博不同，实验的参与者可以谎报掷骰子的结果以获得更高金额的奖金。在绝对诚实的情况下，掷骰子中奖的概率为 50%，研究人员以此为基准，与参与者报告的平均中奖百分比进行比较，以确定作弊程度。不出所料，参与者经常撒谎。根据参与者的报告，中奖的比例达到 68%。

然后，研究人员利用经颅直流电刺激（tDCS）技术，用电流来增强参与者前额叶皮质的神经元兴奋性。前额叶皮质是大脑最前端的部分，位于前额后方，主要参与决策、情绪调节和未来规划等一系列复杂过程，也是参与故事讲述的关键部位。

研究人员发现，当前额叶皮质的神经兴奋性提高时，说谎的情况会减半。此外，诚实度的提高“不能用物质利益或道德信仰的变化来解释，它与参与者的冲动性、冒险意愿和情绪无关”。

研究人员得出结论，刺激前额叶皮质可以提高人的诚实度，这与“人类大脑已经进化出专门控制复杂社会行为的机制”这一观点一致。

了解了这个实验以后，我不禁好奇，练习诚实是否能激活前额叶皮质。于是我给远在瑞士的克里斯蒂安·鲁夫发了一封电子邮件，询问他对这个观点的想法。

我在信中写道：“如果刺激前额叶皮质可以使人更加诚实，那么反过来，提高一个人的诚实度是否也能刺激前额叶皮质？练习说实话能否增强大脑中用于规划未来、调节情绪和延迟满足的区域的活跃性和兴奋性？”

鲁夫回信说：“您的问题非常有意思。我尚没有明确的答案，但我同意您的直觉，一个专门的神经过程（比如与诚实相关的前额叶过程）应该可以通过反复使用而得到加强。正如唐纳德·赫布（Donald Hebb）提出的古老原理：‘一起放电的神经元会连接在一起。’在大多数类型的学习中都会发生这种情况。”

我很喜欢他的回答，因为这意味着保持激进诚实可能会加强一个专门的神经回路，就像学习第二语言、弹钢琴或掌握数独可以加强其他神经回路一样。

与康复期的患者经历一致，讲真话可能会使大脑发生变化，让我们能够更加清楚地意识到自己的快乐－痛苦天平以及导致强迫性过度消费的心理过程，从而改变自己的行为。

2011 年，我开始意识到自己对爱情小说上瘾，当时我正在教一群圣马特奥的精神科住院实习医生如何与患者交流有关成瘾行为的话题。我注意到了这个充满讽刺意味的情况。

我在圣马特奥医疗中心一楼的教室里，给 9 名精神科住院实习医生做讲座，介绍如何与患者就药物和酒精使用问题进行交流，这类对话往往很难展开。讲到一半的时候，我停下来请实习医生们进行一个练习："与一位同伴结对，谈论一个你想改变的习惯，然后说一说你会采取哪些措施来改变这个习惯。"

在练习中，学生谈论的习惯一般都是"我想加强锻炼"或"我想少吃糖"。换句话说，他们谈论的都是一些相对安全的话题，而严重的成瘾问题（如果他们有的话）通常是不会被提及的。尽管如此，谈论令自己不满并希望改变的行为，可以让学生看到，当自己作为医疗保健提供者时，患者会如何与他们对话。在这个过程中，他们也能进一步了解自己。

由于现场学生人数为奇数，因此我必须和其中一名学生搭档。那是一个声音温和、体贴周到的年轻人，他在整个讲座期间一直在专心听讲。我扮演患者的角色，让他练习谈话的技巧。然后我们再互换身份。

他让我说出一个我希望改变的行为。他温柔地引导我敞开心扉。令我惊讶的是，我竟然开始向他讲述我在深夜看小说的事情，只不过我讲得很平淡，没有具体说明我在读什么小说，也没有解释问题的严重程度。

我说："我经常熬夜读书，这影响了我的睡眠。我想改变这种状况。"

一开口我就知道自己说的是实话，我的确读书到深夜，而且我也确实希望能改变这种行为。但在那一刻之前，我没有真正意识到这两件事。

"你为什么想改变这种情况？"他用动机式访谈的标准问题提问，这是临床心理学家威廉·R. 米勒（William R.Miller）与斯蒂芬·罗尔尼克（Stephen Rollnick）开发的一种咨询方法，旨在探索访谈对象的内在动机并解决矛盾心理。

我说："它影响了我的工作效率，也妨碍了我与孩子们的相处。"

他点点头说："这听起来是很好的理由。"

他是对的。这些都是合理的理由。大声说出这些理由后，我第一次意识到，自己的行为对生活以及我所关心的人产生了多么严重的负面影响。

他又问道："如果戒掉了这种行为，你将失去什么？"

我立即答道：“我将失去从阅读中获得的乐趣。我喜欢那种解脱的感觉，但对我来说，家庭和工作比这种感觉更加重要。”

大声表达让我再一次意识到，对我而言，家庭和工作比我自己的快乐更加重要，为了遵循自己的价值观，我必须停止以逃避现实为目的的强迫性阅读。

“你会采取哪些措施来改变这种行为？”

“我可以扔掉电子阅读器。轻松获取便宜的小说会刺激我熬夜阅读。”

“听起来是个好主意。”他笑着说。我扮演患者的练习就这样结束了。

第二天，我一直在思考我们的对话。我决定下个月之前戒掉爱情小说。我做的第一件事就是扔掉电子阅读器。在最初的两个星期里，我经历了低程度的戒断反应，包括焦虑和失眠，尤其是在晚上睡觉前，以往我都会在这时候读小说。我已经失去了独自入睡的能力。

到了月底，我感觉好多了。于是我允许自己再看一本爱情小说，打算有节制地阅读。

结果，我开始疯狂看色情作品，连续熬了两个晚上，最终筋疲力尽。不过此时我看清楚了这种行为的本质——具有强迫性的、自我毁灭的模式，从而使这件事的乐趣尽失。我希望永远戒掉它的决心日益强烈。我的入睡前幻觉即将结束。

诚实有利于维系亲密关系

讲真话会对别人产生吸引力，特别是当我们愿意暴露自己的弱点时。这与我们的直觉不符，因为我们总认为，揭露自己不完美的一面会使别人离我们而去。从逻辑上讲，当别人了解了我们的性格缺陷和越轨行为后，他们会与我们保持距离。

然而事实恰恰相反——别人会与我们更加亲密。他们从我们的不足中看到了自己的脆弱和人性。原来并非只有自己有困惑、恐惧和弱点，这会让人感到心安。

那次复发之后的几年里，雅各布偶尔还会来诊所。其间他依然在坚持戒除性瘾，努力做到激进诚实，特别是对妻子诚实，这是他持续康复的基础。在一次对谈中，他给我讲了一个故事，是他与妻子搬回一起住后不久发生的事情。

搬回家一天后，妻子在整理浴室时发现浴帘上少了一个挂钩。她问雅各布知不知道这是怎么回事。

“我一下子僵住了，”雅各布对我说，“我非常清楚那个挂钩去了哪儿，但我不想告诉她。我可以编很多合理的理由。那是很久以前的事了。如果我告诉她实话，只会让她失望。现在我们的关系很好，说出实情可能会把一切都搞砸。”

但随后他提醒自己，谎言和偷偷摸摸的行为会严重破坏夫妻关系。在妻子搬回家之前，雅各布答应过她，无论发生什么事，他都会对她坦诚相待。

“所以我说：‘大约一年前，在你离开以后，我用它制造了一台机器。这不是最近的事。但我答应过要对你说实话，所以我现在对你坦白。’”

“她有什么反应？”我问。

“我以为她会对我说一切都结束了，她又要走了。但她没有对我大喊大叫，也没有离我而去。她把手放在我的肩膀上说：‘谢谢你告诉我真相。’然后她拥抱了我。”

亲密关系本身就是多巴胺的来源。催产素是一种与恋爱、母子关系和终身配偶密切相关的激素，它与大脑奖赏回路中分泌多巴胺的神经元上的受体结合，刺激奖赏回路释放多巴胺。换句话说，催产素可以提高大脑的多巴胺水平。斯坦福大学神经科学家林鸿（音译，Lin Hung）、罗布・马伦卡与同事在近期完成的一项研究中证实了这一点。

雅各布向妻子坦白之后，对方给予他温暖与理解，雅各布的大脑奖赏回路中的催产素和多巴胺水平可能会迅速提高，进而鼓励他继续这样做。

虽然说真话能促进依恋关系的发展，但强迫性地过度使用高多巴胺物质会阻碍依恋关系的发展。使用高多巴胺物质会使人陷入孤立与冷漠的状态，因为成瘾物质会取代与他人交往所获得的回报。

实验表明，一只自由活动的大鼠会出于本能而解救另一只困在塑料瓶里的大鼠。但是，如果允许这只自由的大鼠自行服用海洛因，它就不再有兴趣帮助这只困在笼中的大鼠，因为它可能已经陷入阿片类药物所造成的混沌状态之中，因而无法关心它的同类。

任何导致多巴胺增加的行为都有可能被利用。我所说的就是流行于现代文化中的“表露色情”（disclosure porn），即公开个人生活中的私密内容，其目的不是通过人性的共同点来培养亲密关系，而是以此操纵他人，从而获得某种自私的满足感。

在2018年举行的一次关于成瘾问题的医学会议上，坐在我邻座的男人告诉我，他已经戒瘾很长时间了。他要在会议中发言，向观众讲述自己的康复故事。上台之前，他转向我说：“准备好哭吧。”我被这句话吓坏了。他预测了我将对他的故事有怎样的反应，这让我很不安。

他确实讲述了一个关于成瘾和康复的悲惨故事，但我并没有感动落泪，这让我很惊讶，因为我通常会被这类历经苦难并实现救赎的故事深深打动。然而在当时，他的故事似乎显得很不真实，尽管它可能与事实相符，但他说的话与情绪不符。他给我们的感觉并不是他赋予听众特权，让大家得以了解他生命中的一段痛苦时光，而是他在哗众取宠，操纵听众。也许这只是因为他此前曾多次讲过这个故事。在重复的过程中，故事本身可能已经变味了。不管原因是什么，他的故事都没能让我感到振奋。

匿名戒酒会中有一个众所周知的活动，名为“讲述醉酒故事”，指的是讲述自己醉酒后的离谱行为，分享这些故事的目的并不是教育听众，而是娱乐和炫耀。醉酒故事往往会引发他人对酒精的渴求，反而不利于戒酒。诚实的自我表露和以摆布他人为目的的醉酒故事之间的界线非常清晰，二者在内容、风格、节奏和情感上存在细微差异，但只要看到，你就能分辨出二者的不同。

希望本书所讲述的关于我和患者的故事能够实现分享的目的，千万不要偏离到错误的方向上。

诚实地讲述自己的故事

日常生活中的单一、简单的事实就像链条中的一环，它们可以转变为真实的自传体叙事。从本质上来说，自传体叙事能够度量活着的时间。我们讲述的人生故事不仅可以评价我们的过去，还会影响未来的行为。

作为一名精神科医生，在二十多年的从业生涯中，我听过数万名病人的故事，因此我深信，讲述个人故事的方式是心理是否健康的标志和预兆。

在患者讲述的故事中，如果他把自己频繁地描述为受害者，几乎不对负面后果承担责任，那么这些患者仍然无法摆脱困境，痛苦的感觉会持续下去。他们忙着去责怪别人，没有认真思考康复的问题。相反，当患者开始在故事中准确描述自己的责任时，我就知道他们正在好转。

受害者叙事反映了一种更加广泛的社会趋势，即我们都倾向于将自己视为环境的受害者，自己遭受的痛苦应该获得补偿或回报。即使当人们真的受到伤害时，如果叙事始终不能突破将自己作为受害者的模式，他们也很难得到治愈。

有效心理治疗的任务之一是帮助人们讲述治愈的故事。如果说自传体叙事是一条河，那么心理治疗就是绘制这条河的方法，在某些情况下可能还会改变这条河的路径。

治愈故事与现实生活中的事件密切相关。寻找真相，或者根据手头的资料尽可能还原真相，让我们有机会获得真知灼见，这反过来又能帮助我们做出明智的选择。

我在前文已经暗示过，有些现代心理治疗实践未必能达到这一崇高目标。作为精神卫生保健提供者，我们过多地运用共情的能力，却忽视了一个事实，即缺乏责任感的共情只是一种减轻痛苦的短视行为。如果治疗师和患者重新创造一个故事，在这个故事中，患者始终是某些不可控力的受害者，那么患者很有可能继续成为受害者。

但是，如果治疗师能够帮助患者承担责任，即使不是针对事件本身，而是针对此时此地他们对事件的反应，患者也能获得继续前进的力量。

在这一点上，匿名戒酒会的思想和教义给我留下了深刻的印象。协会宣传手册上经常用粗体字印着这样一句话："我有责任。"

除了承担责任，匿名戒酒会强调"激进诚实"是其思想体系的核心理念，而且这些概念是相辅相成的。在协会的"十二步戒酒法"中，第四步要求成员"勇敢地进行彻底的自我分析"，在这个过程中，个人会考虑自己的性格缺陷以及这些缺陷对酒精成瘾的作用。第五步是"认罪"，"向上帝、向自己、向另一个人承认自身错误的真实本质"。这种直接、实用、系统的方法可以产生强大的颠覆性影响。

三十多岁时，我在斯坦福大学接受精神科住院医生实习培训时曾亲身体会到了这一点。

我的心理治疗导师——就是本书开篇提到的那个戴软呢帽的人——建议我尝试一下这十二个步骤，以消解我对母亲的怨恨。他早已意识到，我一直在反刍自己的愤怒，仿佛成瘾般抓着它不放。此前，我花了几年的时间接受心理治疗，试图弄清我与母亲的关系，结果似乎只是加剧了我对她的愤怒，因为她不是我理想中的母亲，也不是我认为自己需要的那种母亲。

通过充分的自我表露，导师告诉我，他花了几十年的时间才戒除酒瘾，匿名戒酒会和"十二步戒酒法"帮助他实现了这一目标。虽然我的问题并非成瘾问题，但他凭直觉认为，这十二个步骤也会对我有所帮助，他愿意帮助我走完这一过程。

我和他一起完成了十二个步骤，这段经历确实改变了我，尤其是第四步和第五步。我人生中第一次不再关注母亲如何令我失望，而是思考是什么导致了我们之间关系紧张。我将注意力放在我们两人近期的互动上，而不是童年事件上，因为童年时期的我无法承担责任。

起初，我很难看出自己在哪些方面有问题。我认为从各方面来看，我都是无助的受害者。母亲与我的兄弟姐妹以及他们的孩子关系亲密，却不愿到我家来看我，也不愿与我的丈夫和孩子们打交道，这让我非常纠结。母亲无法接受我的本来面目，我知道她希望我变成另外一个样子——更加温暖、听话、谦逊、有趣，而不是现在这么独立自主——这令我感到愤慨。

但是后来，我开始书写……没错，将我的性格缺陷和导致母女关系紧张的原因都写在纸上，从而使其具有真实感，这个过程十分痛苦。正如埃斯库罗斯（Aeschylus）所说："必须受苦方得真理。"

事实上，我经常感到焦虑和担忧，尽管很少有人能想象得到我有这样的情绪。我遵循严格的时间表，过着刻板的生活，并盲目坚持自己的任务清单，以此来缓解焦虑。这意味着其他人常常被迫屈从于我的意志与完成目标的迫切需求。

成为母亲，这是我一生中最有价值的经历，但也是最令人焦虑的经历。因此，在孩子年幼时，我的防御心理和应对方式都达到了空前的高度。回首往事，我意识到，在那段时间，任何人来我家都会令我感到不愉快，包括我自己的母亲。那时我牢牢地掌控着家庭的运转，一旦意识到事情出了问题，我就会变得非常焦虑。我拼命工作，很少或根本没有自己的闲暇时间，不能陪伴朋友和家人，也没有任何娱乐活动。事实上，在那些日子里，只有和孩子在一起的时候，我才能感受到些许乐趣。

母亲希望我成为与现在不同的人，这让我对她产生了怨恨，但我突然吃惊地意识到，我对她也犯了同样的错误。我拒绝接受她本来的样子，希望她成为特蕾莎修女那样的人，到我家里来，以我们喜欢的方式照料所有人，包括我的丈夫和孩子。

我要求她成为我理想中的母亲和外祖母，因此我只能看到她的缺点，忽视了她的优点，实际上她有很多优点。她是个极有天赋的艺术家，富有魅力，风趣幽默。她心地善良，乐于助人，但前提是她认为对方不会抛弃她或对她指手画脚。

完成了十二个步骤后，我更加清晰地认识到这些事情的本质，我的怨恨也随之消解了。我从对母亲的愤怒中解脱出来。真是松了一口气！

我治愈了自己，因此与母亲的关系也得到了改善。我不再苛求和挑剔她，对她的态度更加宽容。此外我也意识到，我们之间的摩擦带来了许多积极的影响，也就是说，如果我与母亲相处融洽，那么我可能不会像现在这样坚韧和自立。

如今，在与所有人交往的过程中，我仍然会努力做到实话实说。有时候这的确不容易，因为人总是本能地想把责任推到别人身上。但是，经过不懈的努力与训练，我能够意识到我对眼前的结果负有责任。当我达到这样的境界，能够向自己和他人如实叙述时，我会感受到正义和公平，这正是我所渴望的世界秩序。

诚实的自传体叙事能够让我们在当下变得更加真实、自然和自由。

精神分析学家唐纳德·温尼科特（Donald Winnicott）在20世纪60年代提出了“虚假自体”的概念。温尼科特认为，虚假自体是一种自我建构的人格面具，以抵御无法忍受的外部要求和压力。温尼科特假设，虚假自体会带来巨大的空虚感，一切都不复存在。

社交媒体助长了虚假自体的问题，它帮助我们，甚至鼓励我们编造脱离现实的个人生活经历。

我有一位名叫托尼（Tony）的病人，在网络世界里，他是一个二十多岁的年轻人，每天早上出门跑步，欣赏日出，雄心勃勃地从事着艺术工作，并获得了无数奖项。然而在现实生活里，他几乎整天躺在床上，强迫性地观看网络色情作品，艰难地寻找有报酬的工作，内心孤独、抑郁，并且有自杀倾向。你在他的脸书页面上几乎看不到任何真实的日常生活。

当我们的经历与我们展现出的形象不符时，我们可能会变得冷漠，缺乏真实感，成为一个与我们所创造的形象一样虚假的人。精神病学家称这种感觉为现实感丧失和人格解体。这是一种可怕的感觉，通常会引发自杀的念头。毕竟，如果我们丧失了真实感，那么结束自己的生命也无关紧要。

打破虚假自体的方法就是真实自体。激进诚实是获得真实自体的途径之一。它将我们与自身的存在联系在一起，让我们感受到真实的世界。它还减轻了维持所有谎言所需的认知负荷，释放了心理能量，从而让我们更加自然地活在当下。

当我们不再努力呈现虚假自体时，就会以更加包容的心态接受自己和他人。精神病医生马克·爱普斯坦（Mark Epstein）在《持续存在》（*Going on Being*）一书中讲述了自己走向真实的历程："我不再费力应付周围的环境，因此我感到精力充沛，我找到了一种平衡，我开始感受到与自然世界的联系以及与我自己的内在本性的联系。"

讲真话会传染……说谎也会传染

2013 年，玛丽亚的酗酒问题发展到了最严重的程度。她经常因血液酒精含量达到法定限度的四倍而被送往当地的急诊室。她的丈夫迭戈承担了照顾她的大部分工作。

与此同时，迭戈本人也被食物成瘾的问题困扰着。他身高 155 厘米，体重 336 磅。直到玛丽亚戒酒后，迭戈受到鼓舞，开始解决自己的成瘾问题。

他说："玛丽亚的康复激励我改变自己的生活。当她喝酒的时候，我得以侥幸逃避自己的问题。我知道自己变得越来越糟，我为自己的身体担忧。但正是玛丽亚的戒酒让我变得积极起来。我看得出来，她的状态越来越好，我也不想落后。"

"所以我买了一个 Fitbit（运动记录手环）。我开始去健身房，计算卡路里……仅仅是计算卡路里就让我意识到自己究竟吃了多少东西。然后我开始尝试生酮饮食法和间歇性禁食。我不会在深夜吃东西，早上先空腹进行运动，跑步、举重之类的。我发现自己可以忽视饥饿。今年（2019 年），我的体重是 195 磅。这么长时间以来，我的血压第一次达到正常值。"

在临床实践中，我经常看到一个家庭成员成功解决了成瘾问题，其他成员也紧随其后，戒掉了各自的成瘾物质。我曾见过丈夫戒酒后，妻子终止了自己的婚外情；也曾见过父母戒掉大麻后，孩子也跟着戒掉了大麻。

前文曾提到 1968 年斯坦福大学开展的"棉花糖实验"，研究三岁至六岁儿童的延迟满足能力。每一个孩子都被单独安排在一个空房间里，盘中放着一颗棉花糖，同时告诉孩子，如果他能坚持十五分钟不吃棉花糖，就能得到两颗棉花糖。也就是说，如果耐心等待，他们将得到双倍奖励。

2012 年，罗切斯特大学（University of Rochester）的研究人员对这个"棉花糖实验"中的一个关键步骤进行了调整。在进行实验之前，有一组孩子经历了一次失约：研究人员离开房间前对孩子说，当他按铃时他们就会回来，然而实际上他们并没有如约返回。研究人员对另一组孩子也做了同样的约定，并且当孩子按铃时，研究人员如约返回房间。

实验开始后，为了获得第二颗棉花糖，第二组孩子愿意等待的时间比第一组孩子延长了三倍（十二分钟）。

玛丽亚摆脱了酒瘾，这激励了迭戈去解决自己的食物成瘾问题，我们该怎样理解这背后的原因呢？或者说，为什么当成年人兑现了对孩子的承诺时，这些孩子可以更好地控制自己的冲动？

根据我的理解，其原因在于两种心态的区别，我将其称为“富足心态”和“稀缺心态”。讲真话会产生富足心态，说谎会产生稀缺心态。下面我将逐一解释。

如果周围的人是可信任的，对我们坦诚相待，并能履行承诺，那么我们对这个世界以及自己的未来会更加有信心。我们感到周围的人是可以依赖的，也相信世界是一个有序的、可预测的、安全的地方。即使在资源匮乏的情况下，我们依然相信，一切都会好起来。这是一种富足心态。

如果周围的人撒谎，不信守诺言，我们对未来的信心就会被削弱。世界变成了一个危险的地方，毫无秩序，不可预测，缺乏安全性，令人不可依赖。进入竞争性的生存模式后，我们会倾向于短期收益而非长期收益，无论该收益是否为实际的物质财富。

这是一种稀缺心态。

神经科学家沃伦·比克尔（Warren Bickel）与同事进行了一项实验，请参与者阅读一些叙述性文字，这些文字分别对应了富足状态与稀缺状态，然后研究人员分析了这些文字对参与者延迟满足金钱奖励的倾向的影响。

富足状态的描述如下："在工作中，你刚刚获得晋升。你将有机会搬到你一直梦想的居住地，或者，你可以选择留在原地。不管怎样，公司都会给你一大笔钱来支付搬家费用，并且告诉你，你可以保留没有花掉的钱。你的薪水提高了 100%。"

稀缺状态的描述如下："你刚刚被解雇，现在必须搬去亲戚家同住，而亲戚住在一个你很不喜欢的地方，搬家会花掉你所有的积蓄。你没有资格领取失业救济金，所以在找到新工作之前，你没有任何收入。"

研究人员发现，不出所料，阅读了后一段文字的参与者不太愿意等待遥远的未来奖励，他们更希望现在就获得奖励。阅读了前一段文字的参与者则更愿意等待。

从直觉上讲，当资源稀缺时，人们会更加在意眼前的收益，对那些可能在遥远的未来获得的回报缺乏信心。

问题是，我们生活在物质丰富的富裕国家，为什么仍有这么多人在日常生活中表现出稀缺心态？

正如前文所说，物质财富过剩与物质财富不足同样糟糕。多巴胺过量会削弱延迟满足的能力。社交媒体的夸大和"后真相"

政治（我们称之为谎言）放大了我们的稀缺感。因此，即使生活在富足的环境中，我们依然有贫瘠的感觉。

同样的，生活在贫穷环境中的人也可能有富足心态。富足的感觉来源于物质世界之外。相信某种超越自我的力量，或者为之努力，建立一种富有人际联系和意义的生活，即使在极度贫困的情况下，也能让我们获得富足心态，从而增强社会凝聚力。建立联系和找到意义都需要激进诚实。

用诚实来预防成瘾

“让我先解释一下我的工作。”我对德雷克（Drake）说。他是一名医生，职业幸福感委员会请我对他进行评估。

“我来这里是为了确定你是否患有对你的行医能力产生不利影响的精神疾病，以及是否需要对你的工作进行一定的调整。但我不仅仅是一个评价者，如果你需要心理健康治疗或情感支持，我也能为你提供帮助。”

“谢谢你。”他说，样子看上去很放松。

“我听说你有酒驾的记录？”

酒驾，即酒后驾车，是一种在醉酒状态下驾驶汽车的违法行为。美国法律规定，二十一岁或以上的司机在血液酒精浓度（BAC）为 0.08% 及以上的情况下禁止驾驶汽车。

“是的，那是十几年前的事，当时我在医学院读书。”

“嗯，我不大明白，你为什么现在来找我？通常情况下，医生发生酒驾行为后都要立刻接受精神评估。”

“我刚刚入职。我在申请表上填写了自己曾有过酒驾行为。我想他们（幸福感委员会）只是想确保一切正常。”

“有道理，”我说，“好吧，现在来讲讲你的故事吧。”

2007 年，德雷克在医学院的第一个学期开始了。他从加利福尼亚州驱车来到美国东北部，离开了太平洋海岸被阳光炙烤的草地，取而代之的是秋天新英格兰地区那五颜六色的起伏山丘。

他在加州完成了本科学业后才做出了学医的决定，在加利福尼亚，他主修的是冲浪运动，并在校园后面的树林里住了一个学期，“写些糟糕的诗歌”。

第一次考试后，医学院的一些同学在乡下的家中举办派对。原本计划让一个朋友开车，但后来朋友的车出了问题，所以最后由德雷克驾驶了汽车。

“我记得那是九月，美丽的初秋时节。聚会的房子坐落在一条乡间小路上，离我住的地方不远。”

派对比德雷克想象得更加有趣。这是他来到医学院后的第一次放纵。一开始他喝了几杯啤酒，后来喝了尊尼获加蓝方威士忌。晚上十一点半，警察找上门来，因为有邻居投诉噪声扰民，此时德雷克和朋友都喝醉了。

“我和朋友醉得太厉害了，无法开车，于是我们留了下来。我睡着了。警察和其他大多数客人都走了。我找到一张沙发，想好好睡一觉。凌晨两点半的时候我醒了，虽然仍有醉意，但我感觉身体没有受到影响。一条空荡荡的乡间小路直通我家，最多两三英里。于是我们出发了。”

德雷克和朋友刚刚将车开到乡村公路上，就看到路边停着一辆警车。当他们将汽车开到警车前方后，警察也发动了车子，跟在他们身后，好像一直在等着德雷克和朋友。他们行驶到一个十字路口，那里有一个信号灯挂在一根电线上，随风摆动。

“我感觉那个信号灯摆到我这边的时候亮黄灯，摆到另一个方向时又亮起了红灯，但它那样晃来晃去，我很难分辨信号灯的颜色。而且警察就在身后，我很紧张。我慢慢地穿过十字路口，但什么也没发生，所以我想刚才信号灯应该是黄色的，我继续向前行驶。再过一个十字路口，左转就到家了。结果我转弯的时候忘记打转向灯，警察就把我拦了下来。”

那位警官很年轻，与德雷克年纪相仿。

“他似乎刚接手这份工作，看样子好像并不想把我拦下来，却不得不这么做。”

他在路边给德雷克做了酒精测试和呼气测醉检查。吹气结果为 0.10%，刚好超过法定限值。德雷克被带到警局，在那里填写了一大堆文件，并且得知他的驾照因酒驾被暂时吊销。最后警局的人开车将他送回了家。

“第二天，我想起一个传闻，我的一个发小在医院实习期间曾有过一次酒后驾车的行为。他是我非常尊敬的人，曾担任我们班的班长。于是我给他打了一个电话。”

“听了我的情况后，朋友告诉我：‘无论如何，你都不能留下酒驾记录，尤其是作为一名医生。马上找一位律师，他会想办法将记录降级成“鲁莽驾驶”或完全销掉这个记录。我就是这么做的。’”

德雷克联系了当地的一位律师，预付了5000美元，这是他从学生贷款中取出的钱。

律师对德雷克说：“他们会给你安排一个开庭日期。到时候你要穿得整齐一点儿。法官会把你叫到证人席上，问你是否认罪，然后你要说：‘不认罪。’就这样。你要做的就是说三个字，‘不认罪’。接下来就是我们的事了。”

开庭那天，德雷克按照律师的吩咐打扮了一番。他家与法院相隔几条街。在走向法院的路上，德雷克开始思考。他想起了在内华达州的表弟，他表弟曾在醉酒后驾驶汽车，撞上了一个迎面走来的女孩，结果两人都丧生了。此前曾有人在酒吧看到他的表弟，说他当时已经烂醉如泥。

“在法院大楼，我看到一群与我年龄相仿的人。他们看起来不像我这么幸运。我想他们可能没有像我一样找律师。我觉得自己有点儿卑鄙。”

进入法庭等待传唤时，德雷克一直在脑子里盘算这个计划，就像律师告诉他的那样："法官会把你叫到证人席上，问你是否认罪，然后你要说：'不认罪。'就这样。你要做的就是说三个字，'不认罪'。"

法官把德雷克叫到证人席上。他坐在法官席右下方的硬木椅子上。按照要求，德雷克举起右手，宣誓自己所说一切属实。

他望向法庭上的人，然后看着法官。法官转向他问道："你是否认罪？"

德雷克知道自己该说什么。他打算说三个字：不认罪。这三个字几乎已经来到了他的嘴边，即将脱口而出。

"但是后来我想起了五岁时，有一次我向爸爸要冰激凌，他说我得等到午饭后才能吃。我告诉他：'我已经吃过午饭了。刚才去隔壁的迈克尔家，他给了我一个热狗。'但事实上，我根本没去过迈克尔家，我和迈克尔也不是朋友，爸爸对此心知肚明。嗯，他没有浪费时间，立刻拿起电话打给迈克尔：'你给德雷克吃过热狗吗？'然后爸爸让我坐下来，非常平静地告诉我，撒谎是得不偿失的，它会让事情变得更糟糕。那一刻给我留下了深刻的印象。"

"我一直打算遵照律师的建议，回答'不认罪'。出庭前我并没有其他打算。但在法官问我的那一刻，我却说不出话来。我就是说不出这几个字。我知道我有罪，我确实在喝酒后开车了。"

"我认罪。"德雷克说。

法官在椅子上坐直了身体，好像刚刚睡醒似的。他慢慢转过头，眯起双眼看着德雷克，似乎想看穿他。“你确定这是最后的辩护吗？你知道后果吗？因为你没有反悔的机会了。”

德雷克说：“我永远都忘不了他转头看着我的样子。我觉得他提的问题有点奇怪。有一瞬间我怀疑自己是否做错了。然后我告诉他，我确定。”

德雷克后来打电话给律师，将事情经过告诉了他。“律师非常惊讶。”

德雷克的律师说：“我敬重你的诚实。虽然我一般不会这么做，但我会把你的 5000 美元还给你。”

律师遵守承诺，将钱全部退给了德雷克。

在接下来的一年里，德雷克参加了强制性的酒驾课程。上课的地方距离他家很远。由于不能开车，因此他不得不乘坐公共汽车，每次都要花几个小时。与他一同上课的都是他平日里基本接触不到的人。“他们与我在医学院里的同学大不相同。”据德雷克回忆，班上大多都是年龄较大的白人男子，曾经多次酒后驾车。

在支付了 1000 多美元的罚款并参加了几十个小时的强制酒驾课程后，德雷克拿回了自己的驾照。结果这还只是一个开始。

完成医学院的学业后，德雷克申请了医院实习，并在所有的实习申请中如实填写了酒驾记录。申请医生执照和医学专业委员会认证时也是如此。最后，他在旧金山湾区获得了住院医生实习资格。由于加利福尼亚州不承认他在佛蒙特州参加的酒驾课程，所以德雷克不得不重新上一遍。

“那段时间，我常常工作到深夜，然后从医院坐公交车，赶去参加那些课程。如果迟到一分钟，我就得支付一笔费用。有那么一些时候我会想，当初如果撒个谎会不会更好。但现在回想起来，我很高兴自己说了实话。

“在我的成长过程中，我的父母都有酗酒问题。父亲现在仍然没有戒酒。他可以一连几个星期滴酒不沾，但一旦开始喝酒就糟了。母亲现在已经戒酒十年了，但在我小时候，她一直在喝酒，尽管我并不知道这件事，也从未见她喝醉过。虽然有这样的问题，但父母依然让我明白，我可以对他们敞开心扉，坦诚以待。

“他们非常爱我，似乎总以我为骄傲，即便我表现不好时，但他们却不会放纵我。比如，尽管他们有钱，但从不会帮我支付法律费用。另外，他们也从来不会评判我。我认为他们为我创造了一个舒适、安全的成长空间，从而让我变成一个坦率、诚实的人。

“现在我自己几乎不喝酒。我很容易在一些东西上过量，而且我喜欢冒险，所以很可能会走父母的老路。但我认为，在生命的一个关键时刻，当我酒后驾车后，我勇敢地承认了自己的错误，这件事可能将我带上了另一条路。也许多年以来的诚实让我变得更加坦荡。我没有什么秘密。”

说出真相并承担后果，这件事或许改变了德雷克的生活轨迹。他似乎也这么认为。父亲在他年幼时就向他灌输了诚实的重要性，与他那强大的成瘾遗传负荷相比，前者所产生的影响更加深远。那么，激进诚实能够预防成瘾问题吗?

德雷克的经历还不足以证明，在一个腐败且功能失调的系统中，激进诚实是否会带来事与愿违的后果，也不足以说明在美国社会，种族和阶级特权对克服巨大的负面影响发挥了什么样的作用。如果他出身贫困且 / 或是有色人种，结果可能会截然不同。

尽管如此，德雷克的故事还是让身为母亲的我确信，在培养孩子的过程中，我可以并且也应该将诚实作为核心价值观。

我从病人身上看到，诚实可以强化意识，创造令人满意的亲密关系，对真实的叙事负责，并提高延迟满足的能力，甚至可能预防未来成瘾问题的出现。

对我来说，诚实是每天都要努力实现的目标。我的内心总有一个地方希望稍微美化一下故事，让自己看起来更好，或者为自己的不良行为找个借口。现在我在努力克服这种冲动。

尽管在实践中有很多困难，但是我们每个人都可以使用“讲真话”这个小工具。任何人都可以在某一天醒来后下定决心：“今天绝对不撒谎。”这样不仅可以使个人生活变得更加美好，甚至有可能改变世界。

第 9 章
亲社会羞耻感

说到强迫性过度消费，羞耻感是一个躲不开的棘手概念。它可以是延续强迫行为的工具，也可以成为终止强迫行为的动力。那么，我们该如何调和这一矛盾呢?

首先，让我们来谈谈什么是羞耻感。

今天的心理学文献认为，羞耻感是一种不同于内疚的情绪。其中的思路是这样的：羞耻感会让我们感觉自己做人很失败，而内疚感让我们感觉自己的行为很失败，但依然能保持积极的自我感。羞耻感是一种适应不良的情绪，而内疚感是一种适应性情绪。

对于羞耻－内疚的二分法，有一个问题困扰着我，那就是根据经验来看，羞耻感和内疚感是相同的。也许从理智上来说，我能从“一个做错事的好人”中解析出自我厌恶，但在羞耻－内疚这种强烈情绪冲击的那一刻，两者产生的感受是相同的：悔恨与对惩罚和被抛弃的恐惧交织在一起。悔恨是因为做错事被发现，可能包括也可能不包括对行为本身的忏悔。对于被抛弃的恐惧，其本身就是一种强有力的惩罚。它是对可能遭受的驱逐、回避与无法继续作为群体一员的恐惧。

然而，羞耻感与内疚感的二分法的确有一定的道理。我认为两者的区别不在于我们对这种情绪的感受，而在于其他人对我们的越轨行为的反应。

如果其他人的反应是拒绝、谴责或回避，那么我们就会进入一种我称之为“毁灭性羞耻感”的循环。毁灭性羞耻感加深了羞耻感的情绪体验，诱使我们将导致羞耻感的行为永久化。如果其他人的反应是拉近与我们的距离，提供有关救赎 / 康复的明确指导，我们就会进入“亲社会羞耻感”的循环。亲社会羞耻感可以降低羞耻感的情绪体验，帮助我们停止或减少可耻的行为。

基于这一点，让我们先来聊一聊在哪些情况下羞耻感有害（即毁灭性羞耻感），然后讨论在哪些情况下羞耻感有益（即亲社会羞耻感）。

毁灭性羞耻感

一位精神科同事曾对我说：“如果医生不喜欢自己的病人，

就无法帮助他们。”

第一次见到洛丽（Lori）时，我不喜欢她。

她非常务实，马上就告诉我，她之所以来诊所，完全是她的保健医生的意思，也就是说，她根本没有必要来，因为她从来没有任何成瘾或其他心理健康方面的问题，只要我也这么说，她就可以回到“真正的医生”那里去拿药了。

她说：“我做过胃旁路手术。”似乎这足以解释她为什么会服用剂量高得危险的处方药。她像一个保守的女教师一样，说起话来就像在教训她那天资不足的学生。“我以前体重超过 200 磅，现在体重降下来了。所以，我因为肠道结构改变而患上了吸收不良综合征，因此我需要 120 毫克依地普仑，才能达到正常的血液浓度。医生，你们所有人应该都明白这一点。”

依地普仑是一种调节神经递质 5 - 羟色胺的抗抑郁药物。平均每日用量为 10~20 毫克，而洛丽的用量至少是正常剂量的 6 倍。抗抑郁药物一般不会被滥用，但近几年我也见过被滥用的情况。虽然洛丽为减肥而接受了胃旁路手术，确实会导致食物和药物的吸收问题，但如此高的剂量依然是非常不正常的。这背后应该另有隐情。

“你还有同时服用的其他药物或物质吗？”

“我还用加巴喷丁和医用大麻来治疗疼痛，服用安必恩帮助睡眠。这些就是我在用的药物。我需要靠它们来治病。我认为这没有什么问题。”

“你在治疗什么病？”当然，我读过她的病历，也知道上面写着什么，但我总是喜欢听病人自己对其医疗诊断和治疗方案的理解。

“我有抑郁症，而且我的脚上有旧伤，总会感到疼痛。”

“好吧，这很合理。但是用药剂量太高了。我想知道，在生活中，你有没有因为服用超出规定剂量的物质或药物，或者用食物或药物来消除痛苦情绪而纠结过。”

她僵住了，后背挺直，双手握紧膝盖，脚踝紧紧交叉在一起。她看上去好像要从椅子上跳起来跑出房间。

“我告诉过你，医生，我没有这个问题。”她撮起嘴唇，将视线转移到别处。

我叹了口气。“让我们换个思路吧，”我说，希望能挽救这个艰难的开场，“何不跟我讲讲你的生活，就像写一本迷你自传那样：你在哪里出生，是谁将你抚养长大，小时候你是个什么样的孩子，有哪些重要的人生里程碑，如何一路走到今天。”

了解了一个病人的故事——知道是什么塑造了他们，使之成为现在的样子——厌恶感就会在共情的温暖中蒸发。要真正理解一个人，就必须关心他。因此我总会教医学院学生和实习医生要关注病人的故事，不要急于按照学校里教的那样，将病人的经历拆分，填入“现病史”“精神状态检查”和“系统回顾”等互不相关的方框里。病人的故事不仅回顾了他的人生，也让我们反思自己。

20 世纪 70 年代，洛丽在美国怀俄明州的一个农场长大，是家里三个孩子中年纪最小的一个。她从小就觉得自己与众不同。

“我有点不对劲，总觉得自己格格不入。我觉得很尴尬，很不适应。我有语言障碍，口齿不清。从小到大我都觉得自己很愚蠢。”洛丽显然是很聪明的，但早期的自我概念会始终盘踞在我们的生活中，将所有相反的证据都排挤在外。

她记得自己很怕父亲。他是个易怒的人。但家里更大的威胁来自一个会实施惩罚的上帝的幽灵。

“长大后，我知道有一个会将人罚入地狱的上帝。如果你不完美，就要下地狱。”因此，对自己说“我很完美”或者“至少比别人完美”，成为洛丽一生的重要主题。

洛丽的学习成绩平平，但运动水平出色。她创造了学校的 100 米跨栏纪录，于是梦想参加奥运会。但在高三时，她在跨栏过程中摔伤了脚踝，需要动手术，刚刚起步的田径生涯就这样结束了。

“我唯一擅长的东西都被夺走了。从那时起，我开始暴食。在麦当劳，我可以吃掉两个巨无霸。我为此感到自豪。到了大学，我不再在乎自己的外表了。大一时我的体重达到 125 磅。毕业后我进入医疗技术学校，那时我的体重达到了 180 磅。我还开始尝试其他让人兴奋的东西：酒精、大麻和药物……主要是维柯丁。但我最爱的还是食物。”

在接下来的十五年里，洛丽一直四处游荡。不停地更换居住地、工作和男朋友。作为一名医疗技师，无论在哪个城镇，洛丽都能轻松找到工作。唯一不变的一件事是，不管住在哪里，她每个星期日都会去教堂。

在这段时间，她借助食物、药物、酒精、大麻等东西来自我逃避。她的一天通常会这么过：早餐吃一碗冰激凌，工作时不停地吃零食，回到家就吃安必恩，晚餐再吃一碗冰激凌、一个巨无霸汉堡、一份超大薯条和一杯健怡可乐，然后再吃两片安必恩和一块“大蛋糕”作为甜点。有时她会在轮班工作结束时服用安必恩，让自己恢复活力，这样她回到家的时候可能会感到非常兴奋。

“如果吃了它（安必恩）之后没有睡觉，我会感到兴奋。两个小时后再吃两片，我会变得更加兴奋，欣喜若狂。效果几乎和阿片类药物一样好。”

她日复一日地重复这样的循环。放假时，她会把安眠药和止咳药混在一起吃，以获得兴奋感，或者喝酒，把自己灌醉，进行危险性行为。当洛丽三十多岁的时候，她独自住在艾奥瓦州的一座城市里，空闲时间就用来寻欢作乐，听美国电台主持人格伦·贝克（Glenn Beck）的节目。

“我开始相信世界末日就要到了。世界末日、穆斯林、伊朗入侵。我买了很多箱汽油，存放在次卧里。后来我把它们放在院子的防水布下。我还买了一支点 22 口径的步枪。然后我意识到这样可能会引发爆炸，于是我给汽车加油，直到用光所有的汽油。”

从某种程度上来说，洛丽知道自己需要帮助，但她害怕去寻求帮助。她担心如果承认自己不是一个“完美的基督徒”，人们就会躲着她。有时候，她会向其他教友暗示自己的问题，但是通过一些微妙的信息，洛丽逐渐明白，有些问题是不能向教堂会众分享的。那时，她体重将近 250 磅，内心极度抑郁，她开始想，自己是不是死了更好。

“洛丽，”我说，“当我们纵观全局时就会发现，无论是食物、大麻、酒精，还是处方药，似乎始终存在一个问题，那就是强迫性的、自我毁灭式的过度消费。你认为是这样吗？”

她看着我，陷入了沉默，然后哭了起来。当她能够再次开口说话时，她说：“我知道是这样，但我不愿相信。我不想听。我有工作，有车，每个星期天都去教堂。我以为胃旁路手术能解决一切问题。我以为减肥会改变我的生活。然而我减肥之后，依然想死。”

我建议洛丽用多种不同的途径来改变现状，包括参加匿名戒酒会。

“我不需要，”她毫不犹豫地说，“我有教会。”

一个月后，洛丽如约来到我的办公室。

“我去见了教会长老。”

“结果怎么样？”

她将视线转移到别处。“我向他们敞开了心扉，我从没有这么坦白过……除了对你。我把一切都告诉了他们……或者说几乎一切。我就那样全部说了出来。”

“然后呢？”

“很奇怪，”她说，“他们似乎……很困惑，很焦虑，好像完全不知道该怎么帮我。他们让我祈祷，还说他们也会为我祈祷。他们还劝我不要和教会其他成员讨论这些问题。就是这样。”

“你觉得怎么样？”

“在那一刻，我感受到了上帝的诅咒和羞辱。我能背诵《圣经》，却感觉不到与慈爱的上帝之间有任何联系。我无法达到那种期望，我没有那么优秀。所以我不再去教堂了。我已经一个月没去了。你知道吗，似乎没有人注意到。没有人给我打电话，没有人联系我。一个人也没有。”

洛丽陷入了毁灭性羞耻感的循环之中。当她想对其他教会成员坦白自己的问题时，别人劝她不要这么做，这种劝阻给了她一种暗示：如果公开自己的问题，她会被团体拒绝，或者感觉更加羞耻。那将使她失去自己拥有的唯一团体，她不敢冒这个风险。但隐藏自己的行为也让她始终无法摆脱羞耻感，从而进一步加深了孤立无援的感觉，这一切都助长了强迫行为。

研究表明，在积极参与宗教组织的人群中，滥用药物和酒精的百分比较低。但是，如果以信仰为本的组织做出了不恰当的反

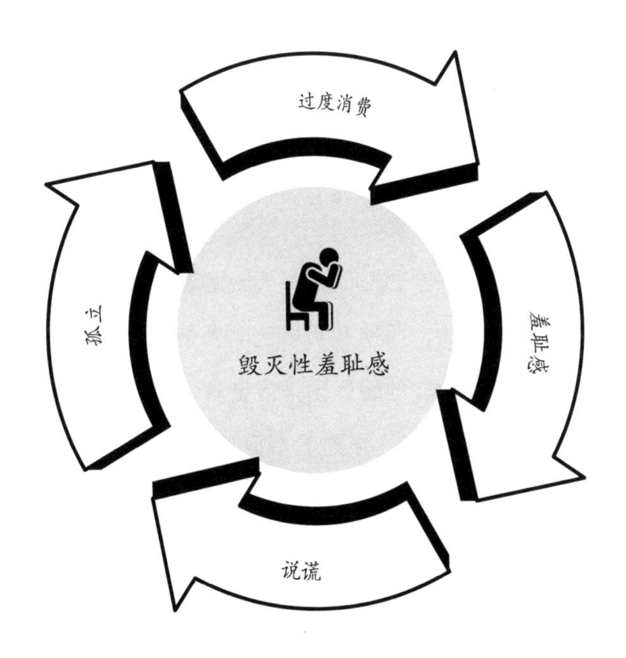

应，回避行为失范者并 / 或鼓励一个充满秘密和谎言的社交网络，那么它将导致毁灭性羞耻感的循环。

毁灭性羞耻感是这样的：过度消费会使人产生羞耻感，进而遭到集体的回避，或者对集体撒谎以避免自己遭遇排挤，这两种情况都会进一步强化孤立的状态，周而复始，导致持续的过度消费。

治疗毁灭性羞耻感的妙方是亲社会羞耻感。让我们看看它如何运作。

匿名戒酒会是亲社会羞耻感的典范

我的导师曾向我讲述了激励他戒酒的动力。我时常回想起他的故事，因为它证明了羞耻感是一把双刃剑。

在我导师四十多岁的时候，每天晚上妻子和孩子们上床睡觉后，他就会偷偷喝酒，而他其实早已向妻子承诺不再饮酒。为了掩盖自己的嗜酒行为，他编造了许多谎言，这些谎言连同嗜酒这个事实都使他良心不安，强烈的羞耻感又反过来驱使他更加嗜酒。可以说，他是因为羞耻感而喝酒。

一天，他的妻子发现了真相。“她的眼中流露出失望的神情，她觉得自己遭到了背叛，于是我发誓再也不喝酒了。”那一刻他感到羞愧难当，同时他又希望能够重新获得妻子的信任和认可，这两种情绪促使他第一次认真地尝试戒酒。他开始参加匿名戒酒会。对他来说，这个组织最大的好处就是“去羞耻感的过程”。

他这样描述到：“我意识到自己并不孤单。还有其他人和我一样。还有其他医生正在与酒瘾作斗争。我知道自己有了一个容身之地，在这个地方，我可以吐露真言，并且不会因此被抛弃，这一点非常重要。它让我有了一个原谅自己并做出改变的心理空间。让我可以继续前进。”

亲社会羞耻感的概念基础是羞耻感对繁荣社区具有重要意义。没有羞耻感，社会就会陷入混乱。因此，为越轨行为感到羞耻是恰当且有益的。

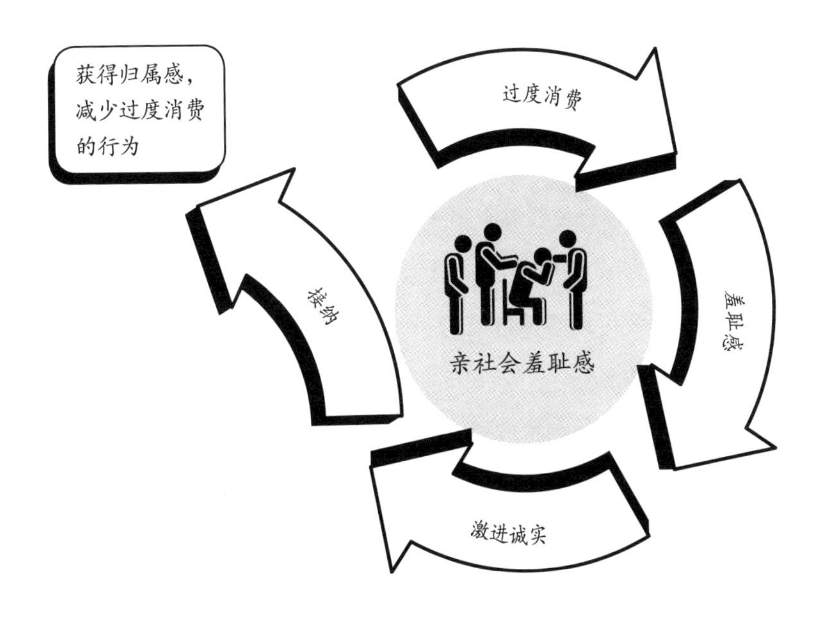

亲社会羞耻感更深层次的概念基础是：人人都有缺陷，都有可能犯错，都需要他人的谅解。鼓励人们遵守团体规范，同时不排斥每一个误入歧途的人，其关键是出现羞耻感之后的“任务清单”，即具体的改正措施。这就是匿名戒酒会的十二个戒酒步骤。

亲社会羞耻循环是这样的：过度消费会带来羞耻感，对此我们要绝对诚实地坦白，与我们在毁灭性羞耻感中看到的不同，激进诚实不会使其他人回避我们，反而会引起理解和同情，此外还有一系列必要的改正措施。最终，我们的归属感增强，减少过度消费的行为。

我的病人托德（Todd）是一位年轻的外科医生，正在戒酒。

他告诉我，匿名戒酒会是“第一个可以展示脆弱的安全场所”。第一次参加集体会议时，他哭得不能自已，以至于说不出自己的名字。

“后来，每个人都过来留下了他们的电话号码，告诉我可以给他们打电话。这就是我一直渴望的集体，现在终于让我找到了。在这里我可以倾诉自己的一切，而我不可能对我的攀岩伙伴或同事如此诚实。”

在经历了五年的持续戒断后，托德告诉我，对他来说，十二个步骤中最重要的是第十步（“持续进行个人盘点，一旦发现自己犯错就立即承认”）。

“每天，我都会审视自我。我是不是偏离了正轨？如果是，该如何改变？我需要做出补救吗？如何补救？例如，前几天，我和一位实习医生打交道，他给我的病人信息有误。一开始我感到沮丧。为什么他没能给我准确的信息？当我感到沮丧时，我告诉自己：好吧，托德，停下来，你可以这样想：这个人的从业经验几乎比你少了十年，他可能有点紧张。与其沮丧，不如想一想如何帮助他们。在戒酒之前，我从来没有这样思考过。”

托德对我说：“几年前，大约在我开始戒酒三年后，当时我在指导一名医学生，他的专业能力不好，可以说相当糟糕。我不会让他照顾病人。到了中期反馈的时候，我坐下来与他谈话，我决定如实相告。我对他说：‘除非你有显著的进步，否则你无法完成这次轮岗。’”

“听了我的反馈后。他决定重新开始，努力提升自己的表现。他的确有了进步，最终通过了轮岗。但是，如果当时没有戒酒，我就不会对他这么坦诚，他的表现就会一如既往，最终无法完成轮岗，或者我会把问题留给其他人处理。”

真实的自我盘点不仅能让我们更好地了解自己的缺点，还能使我们更加客观地评价和回应其他人的不足。当我们能够对自己负责时，我们也能对他人负责。我们可以利用羞耻感，而不必为此感到羞耻。

关键是承担责任的同时又要体现同理心。这些经验适用于我们所有人——无论成瘾与否，同时也能转化到日常生活里的每一种关系中。

匿名戒酒会是一个典型的亲社会羞耻感的组织。组织中的亲社会羞耻感利用了人们对团体规范的遵守。作为一个“酗酒者”，你无须感到羞耻，这与“匿名戒酒会是一个不存在羞耻感的地方”的说法相一致。但是如果你在追求“清醒”的时候态度敷衍，那么这就是一件羞耻的事。患者告诉我，自己复发的时候必须向团体坦白，这种预期中的羞耻感是防止复发的主要因素，同时促使他们继续遵守团体规范。

重要的是，当匿名戒酒会的成员复发时，复发本身就是一种俱乐部物品（club goods）。行为经济学家将属于某个团体的回报称为“俱乐部物品”。俱乐部物品越强大，团体就越有可能留住现有成员，并吸引新成员。俱乐部物品的概念适用于任何团体，从家庭到朋友圈，再到宗教团体。

在谈到以信仰为本的组织的俱乐部物品时，行为经济学家劳伦斯·伊安纳科内（Laurence Iannacone）写道："我从主日崇拜中获得的快乐不仅来自我自己的投入，也来自其他人的投入：参加的人数、他们对我的热情欢迎、动听的吟唱和激情澎湃的朗读与祈祷。"积极参与团体活动和聚会，遵守团体规则和规范，都可以加强俱乐部物品。

如实向匿名戒酒会成员坦白自己复发的事实，可以为其他成员创造机会，让他们体验同理心、利他主义，以及某种程度的幸灾乐祸，比如"这种事有可能发生在我身上，幸亏它没有发生"，或者"因着上帝的恩典，我才逃过一劫"，这样一来，俱乐部物品得以增强。

俱乐部物品会受"搭便车者"（free rider）的威胁，搭便车者试图在没有充分参与团体活动的情况下，从该团体获益，他们类似于我们常说的"贪小便宜的人"。涉及团体规则和规范的时候，如果搭便车者不能遵守、撒谎和 / 或不努力改变自己的行为，他们就会威胁俱乐部物品。他们的个人行为对增强俱乐部物品毫无帮助，但他们个人却因为加入团体而受益——获得归属感。

伊安纳科内指出，虽然并非不可能，但我们也的确很难衡量团体成员是否遵守创造俱乐部物品的团体原则，尤其是当团体要求涉及个人习惯和不可改变的主观现象（比如说实话）时。

伊安纳科内的“牺牲与羞耻理论”（Theory of Sacrifice and Stigma）提出了一种间接“管理”团体参与的方法，即让在其他环境中参与度较低的成员对自己的行为感到羞耻，并要求成员牺牲个人资源以排除其他活动。因此，搭便车者被淘汰了。

特别是那些现有宗教机构中看似过分的、无理由的，甚至不合理的行为，比如留某种发型或穿某类衣服、戒掉各种食物或完全不使用现代技术，或者拒绝接受某些医学诊疗，如果将其理解为减少组织内搭便车者所付出的代价，那么这些行为就具备了合理性。

或许你认为，如果宗教组织和其他社会团体的氛围更加宽松，规则和约束更少，就会吸引更多的人参与。但事实并非如此。“更严格的教会”才能吸引更多的追随者，也往往比随心所欲的组织更加成功，因为它们能筛选出搭便车者，并提供更加强大的俱乐部物品。

雅各布在戒瘾过程初期就加入了性成瘾匿名互助协会，该组织也有十二个戒瘾步骤。每一次复发时，他都要提高参与度。这一承诺令人生畏。他每天都要亲自或通过电话参加团体会议，一天要与其他成员打八通甚至更多的电话。

匿名戒酒会和其他有十二步戒瘾法的团体被诬蔑为“邪教”，也有人诋毁这些组织，声称它们使人们对酒精和 / 或药物的成瘾转化为对该团体的成瘾。这些批评者没有意识到，这类组织的严格性可能才是它发挥作用的根本原因。

在采取十二步戒瘾法的团体中，存在各式各样的搭便车者，但其中最危险的是那些在复发时不承认，没有宣布自己要重新开始，也没有重新从头完成十二步骤的成员。他们剥夺了团体亲社会羞耻感的俱乐部物品，更打破了一个对戒瘾至关重要的清醒的社交网络。为了维护俱乐部物品，匿名戒酒会必须对这种搭便车行为采取强有力的、有时甚至是看似不合理的措施。

琼（Joan）参加匿名戒酒会后成功戒酒。她定期参加会议，有一位互助对象，她自己也成为别人的互助对象。她加入匿名戒酒会已有四年时间，作为我的病人也有十年之久，因此我能看到戒酒会给她的生活带来的所有积极改变。

在21世纪初，琼遭遇了一次意外情况，她无意间喝了一次酒。当时她在意大利旅行，由于语言不通，她意外地订购了一种含有少量酒精的饮料，与美国市场上销售的不含酒精的啤酒差不多。她将饮料喝掉后才意识到发生了什么，不是因为出现了异常的身体反应，而是因为她阅读了产品标签。

结束旅行之后，她将这件事告诉了她的互助对象，对方坚持认为她这是旧病复发，并鼓励她向大家坦白，然后重新设定自己的清醒日期。对于互助对象的强硬立场，我感到十分惊讶。毕竟，琼所喝的饮料中的酒精含量几乎可以忽略不计，大多数美国人甚至不把这种饮料当成“酒”。但琼还是含泪同意了。

直到今天，琼依然在积极康复，并且还在参加匿名戒酒会。

在互助对象的坚持下，琼重新设定了自己的戒酒日期，当时我觉得这么做太过分了，但如今我明白了，这么做既能防止少量酒精诱发一发不可收拾的大量饮酒，也可以通过“效用最大化”满足团体的更大利益。琼愿意遵守对复发的严格定义，这加强了她与团体的联系，从长远来看，这么做给她带来了积极的影响。

琼自己也指出：“也许我的内心有一部分知道饮料中含有酒精，却想以身在异国作为借口。”从这个意义上来说，匿名戒酒会能够增强人的良知。

当然，团体思维策略也可能会被用于邪恶的目的。例如，当获得归属感的成本超过了俱乐部物品，并且成员受到伤害的时候。NXIVM 项目自称是一个高管成功课程，其领导人在 2018 年因违反联邦性交易法并涉嫌敲诈勒索而遭到逮捕和起诉。类似地，在某些情况下，一个团体的成员能够从团体中获益，但他会对团体之外的人造成伤害，比如今天各种各样的实体，它们在利用社交媒体传播谎言。

连续几个月没有去教堂后，洛丽第一次参加了匿名戒酒会的活动。在这里，她找到了自己一直在寻觅却始终未能在教会里找到的伙伴支持。2014 年 12 月 20 日，洛丽停掉了所有药物，自那以后一直没有复发。

在多年后回顾自己的康复历程时，洛丽说道：“我没法告诉你到底发生了什么，或者是什么时候发生的。”她把自己的康复归功于参加了匿名戒酒会。“倾听别人的故事，我感到宽慰，于是我也吐露出自己最深、最黑暗的秘密。我在新成员的眼中看到了希望。以前我那么孤独，只想去死。夜里难以入眠，为我所做的一切而鞭笞自己。在匿名戒酒会，我学会了接纳自己和其他人的本来面目。现在我与别人建立了真正的关系。我属于他们，他们也了解真实的我。”

亲社会羞耻感与育儿

在这样一个多巴胺泛滥的世界里，身为母亲的我不禁为孩子的幸福担忧不已，因此我试图将亲社会羞耻感的原则融入家庭生活。

首先，我们明确地将激进诚实作为家庭的核心价值观。我努力通过自己的行为树立一个诚实的榜样，虽然有时会失败。有时候，作为父母，我们认为隐藏自己的错误和缺陷，只展示最好的一面，就能让孩子知道什么是正确的。但结果可能恰恰相反，这么做可能会让孩子认为自己必须完美才能得到爱。

相反，如果我们能够坦诚地向孩子展示我们自己的问题，就能为他们创造一个包容自己并真诚面对自己的空间。因此，如果我们在与孩子和其他人的交往中犯了错，也必须积极地承认错误。我们必须接受自己的羞耻感，并主动进行改正。

大约五年前，当时我的孩子们还在上小学和初中，我给他们每人一只巧克力兔子作为复活节礼物。这是一种由乳白色牛奶巧克力制成的甜品，来自一家专业的巧克力制造商。孩子们各自吃了一点儿，然后将剩下的巧克力放进食品储藏室，准备以后再吃。

在接下来的两个星期里，我时不时地在这只巧克力兔子身上咬一口，又在那只巧克力兔子身上咬一口，我以为不会有任何人发现。当孩子们想起自己的巧克力时，我已经快把它们吃光了。孩子们知道我喜欢巧克力，所以一开始就将矛头对准了我。

我说："不是我干的。"我理所当然地说谎。在接下来的三天里，我继续撒谎。孩子们一直对我说的话持怀疑态度，但随后他们开始互相指责。我知道自己必须改正了。如果我都做不到诚实，又怎么能教孩子做一个诚实的人呢？我撒了一个多么愚蠢的谎言啊！三天后，我鼓起勇气告诉了他们真相，我感到非常羞愧。

孩子们彼此的嫌疑被洗清了，他们最初的猜测得到了证实，同时又为真相感到震惊——原来母亲也会对他们撒谎。这件事给我和孩子们带来了多方面的启发。

我提醒自己，同时也告诉孩子们，我也是一个有明显缺点的人。我向他们示范，在犯错误的时候，我可以承担自己的责任。孩子们原谅了我，直到今天，他们依然喜欢讲述我"偷吃"巧克力然后"撒谎"的故事。他们的玩笑是我进行忏悔的一种方式，因此我毫不介意。我们再次明确，在家庭中，每个人都会犯错，但任何人都不会因为犯错而遭到长期的谴责或抛弃。我们是一个共同学习和成长的家庭。

就像我的病人托德一样，当我们积极、诚实地审视自己时，才能向其他人提供诚实的反馈，帮助他们了解自己的优点和缺点。

在教育孩子认识自己的优点和缺点时，这种不带羞耻感的激进诚实同样重要。

我的大女儿在五岁时开始学钢琴。我成长于一个音乐氛围浓厚的家庭，因此十分期待与孩子们分享音乐。然而事实证明，大女儿缺乏节奏感，几乎是个音盲。但我们仍然固执地让她每天坚持练习，我坐在她身边，一边鼓励她，一边压抑着她毫无音乐天赋这一事实带给我的恐惧感。事实上，我们俩都很痛苦。

大约学了一年的钢琴后，有一天我们一起观看电影《快乐的大脚》（*Happy Feet*）。影片讲述了一只名叫波波（Mumble）的企鹅的故事，他有一个大难题，那就是他完全不会唱歌。而在企鹅界，企鹅必须靠动听的歌声来吸引伴侣。女儿在电影过半的时候看着我，问道："妈妈，我也像波波一样吗？"

在那一刻，我陷入了身为父母的自我怀疑中。我该怎么回答？是冒着伤害她自尊的风险说实话，还是编一个谎言，用欺骗来点燃她对音乐的热爱？

我选择了冒险。"是的，"我说，"你很像波波。"

女儿的脸上绽放出一个大大的笑容，我认为那是得到确认后的微笑。那时我知道，自己的选择是正确的。

她也发现自己缺乏音乐天赋，现在这一想法得到了验证。在这个过程中，我鼓励她学会准确地评价自己，如今她依然在运用这些能力。我还向她传达了这样一个信息：我们不可能事事精通，重要的是知道自己擅长什么、不擅长什么，这样你才能做出明智的决定。

一年后，她决定不再学钢琴——这让所有人都松了一口气。如今她依然喜欢音乐，会随着广播唱歌，虽然完全走调，但她一点儿也不会为此而感到难堪。

人与人的坦诚相待可以将羞耻感排除在外，也促进了亲密关系的建立。即使有缺点，我们依然能被他人接纳，在这种时候，我们可以感受到与他人的紧密联系，从而获得情感上的温暖。亲密关系的建立并非依靠彼此的完美，而是共同努力弥补过错的意愿。

这种亲密感的迸发几乎必然会使大脑释放内源性多巴胺。但不同于廉价的享乐所带来的多巴胺增加，真实的亲密关系所导致的多巴胺的释放是适应性的，能够使人恢复活力，并有益于身心健康。

我和丈夫尝试利用“牺牲与羞耻理论”来增强家庭的俱乐部物品。

在孩子们读高中以前，他们一直没有自己的手机。这使他们成为同龄人中的异类，特别是在初中时期。起初，他们半是央求半是哄骗地想要一部手机，但过了一段时间，他们开始将这种差异视为个性。此外我们坚持出行的时候尽可能不开车，而是骑自行车，全家人在一起的时候谁都不要使用电子设备。

我觉得孩子们的游泳教练肯定在私底下拿到了行为经济学博士学位。他很善于利用“牺牲与羞耻理论”来强化俱乐部物品。

首先是惊人的时间投入。高中的孩子们每天的游泳训练时间高达四个小时，如果有孩子错过了训练，他会暗自羞愧。高出勤率（类似于三十天内参加了三十次匿名戒酒会的会议）会获得认可和奖励，包括去外地参赛的机会。对于参加比赛的服装也有严格的规定：周五穿红色游泳T恤，周六穿灰色游泳T恤，并且只能穿有队标的服装（包括泳帽、泳衣、泳镜）。这成功地将该团体的成员与其他着装随意的团体区分开来。

有些规则看起来是多余的、毫无意义的，但是从效用最大化的角度来看，为了提高成员参与度，减少搭便车者，以及增强俱乐部物品，这些规则是有价值的。而且孩子们蜂拥而至，尽管有时候也会抱怨，但他们似乎更加喜欢这种严格的团体。

我们往往认为羞耻感是一种消极的情绪，尤其是在当下，羞辱——脂肪羞辱、荡妇羞辱、身材羞辱等——成为一个非常沉重的词语，并且（理所当然地）与欺凌联系在一起。在这个数字化程度日益加深的世界中，社交媒体羞辱及其相关的“抵制文化”

（cancel culture）已成为一种新的回避形式，它以现代化的方式曲解了羞耻感最具毁灭性的方面。

即使没有人指责我们，我们也已经准备好了将矛头对准自己。

社交媒体引发了大量不公平的对比，从而加深了我们的自我羞辱。现在，我们不仅将自己与同学、邻居和同事进行比较，还将自己与整个世界进行比较，因此我们很容易陷入一种错觉，即我应该做得更多或得到更多，或者干脆过另一种生活。

我们现在认为，必须像史蒂夫·乔布斯（Steve Jobs）和马克·扎克伯格（Mark Zuckerberg）那样取得神话般的成就，或者像希拉洛斯公司（Theranos）的伊丽莎白·霍尔姆斯（Elizabeth Holmes）一样，做一个现代版的伊卡洛斯（Icarus），在烈焰中陨落，这样才能算"成功"。

然而，病人们用自己的亲身经历告诉我们，亲社会羞耻感能够产生积极、健康的影响，因为它能填平自恋所产生的沟壑，将我们与支持我们的社交网络更加紧密地联系起来，同时遏制成瘾的倾向。

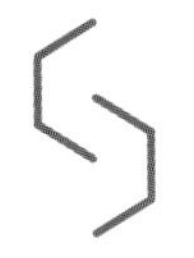

结　论

平衡之道

我们渴望在这个世界中获得喘息机会——暂时脱离为自己和他人设定的不可能实现的标准。大脑在持续不断地运转：我为什么要这样做？为什么我不能那样做？看看他们是怎么对我的，我怎么能这样对他们？我们自然想从这无尽的思索中寻得暂时的解脱。

因此，任何一种可以让我们逃避现实的享乐机会都具有吸引力：时髦的鸡尾酒、社交媒体的回声室[1]、放纵地观看真人秀、靠网络色情及薯片和快餐度过的夜晚、沉浸式的电子游戏、平庸的吸血鬼小说……这个清单真是无穷无尽。成瘾物质和行为给我们提供了喘息的机会，但从长远来看，它会加剧我们的问题。

如果选择直面现实，而不是逃避现实，结果会怎么样？如果我们没有将这个世界抛在脑后，反而沉浸其中，结果又会如何？

1　指回声室效应，这里指社交媒体的圈子化、同质化。——编者注

你应该还记得我的病人穆罕默德，他尝试了各种自我约束的方法，试图限制自己使用大麻，结果总是很快就故态复萌，从适度使用迅速演变为过度消费，最后成瘾。

当穆罕默德再一次尝试克制大麻使用的时候，他来到旧金山北部的观光小径雷斯岬（Point Reyes）徒步旅行，这样的活动曾给他带来诸多快乐，他希望能从中寻得慰藉。

然而在每一个转弯的弯道，吸食大麻的情景便历历在目——过去的徒步旅行几乎都是在半醉半醒的状态下进行的——因此，对穆罕默德来说，徒步旅行不是消遣，反而成为因渴求而导致的痛苦挣扎，并使他回想起失败的经历。他绝望地发现自己永远无法解决大麻问题了。

然后穆罕默德迎来了“顿悟时刻”。在一个观景点，他清楚地记得当时自己和朋友正在吸大麻烟卷，他将相机举到眼前，对准附近的一株植物。他看到一片树叶上有一只甲虫，于是将相机镜头对焦，放大了甲虫鲜红色的甲壳、有条纹的触角和毛茸茸的腿。他被迷住了。

他的注意力被照相机十字线上的生物深深吸引住了。他拍摄了一系列照片，然后又从其他角度拍了许多照片。在接下来的徒步旅行中，他不时驻足为甲虫拍摄特写照片。在做这些事的时候，他对大麻的渴求就减少了。

“我必须强迫自己不要乱动，”在2017年的一次交谈中，穆罕默德告诉我，“我必须在完全静止的状态下才能拍出一张清晰的照片。在这个过程中，我必须脚踏实地、全神贯注。我在相机的另一端发现了一个奇妙的、超现实的、令人难以抗拒的世界，与我借助毒品所创造的世界不相上下。但显然前者更好，因为它不需要毒品。”

几个月后，我意识到自己与穆罕默德经历了相似的康复之路。

我决定重新投入到对病人的治疗中，将注意力集中在工作最有价值的地方：随着时间的推移与病人建立关系，并专心倾听病人的讲述，使世界变得更加有序。这样一来，我得以摆脱强迫性阅读爱情小说的问题，步入更有价值、更有意义的职业生涯。我在工作上取得了更大的成就，但这种成就并非我刻意追求的结果，而是一个意想不到的副产品。

我希望你也能找到一种方法，让自己完全沉浸于生活之中。不要逃避你试图逃离的一切，而是停下来，转身面对。

然后我敢打赌，你会朝它走去。这样一来，世界会向你展示它真实的一面，那是一种神奇而令人敬畏的东西，但你无须逃避。相反，这个世界值得你去关注。

恢复平衡后的回报既不是即时的，也不是永久的。它需要耐心和维护。尽管不确定未来会发生什么，但我们必须勇敢地前进。我们必须相信，今天的行动在目前也许没有发挥任何作用，但实际上它正在积累积极的能量，待到在未来的某个时刻才会显露出来。健康的生活方式需要日日坚持。

我的病人玛丽亚告诉我：“康复就像《哈利波特》(*Harry*

Potter）中的一个场景，当邓布利多（Dumbledore）在一条黑暗的小巷中前进时，他所经过的路灯被一一点亮。只有当他走到小巷尽头，停下来回头望去，他才能看到，整条小巷都被照亮了，那是他前进所带来的光芒。”

现在我们来到了全书的尾声，但这也许只是一个开始，我们将用一种全新的方法来应对今天这个过度用药、过度刺激、快乐饱和的世界。下面让我们总结一下寻求平衡的经验，你也可以借此回望前进所带来的光芒。

平衡之道

1. 对快乐的不懈追求（以及对痛苦的逃避）会导致痛苦。

2. 康复始于戒断。

3. 戒断成瘾物质能够重置大脑的奖赏回路，并使我们从简单的奖励中获得快乐。

4. 自我约束在欲望和消费之间创造了字面意义上的空间与元认知的空间，在今天这个多巴胺过量的世界里，自我约束是一种必要的手段。

5. 药物可以恢复内稳态，但要考虑到在用药物消除痛苦的同时，我们失去了什么。

6. 在天平的痛苦端增加重量，为了恢复平衡，天平会重新向快乐的一侧倾斜。

7. 提防疼痛成瘾。

8. 激进诚实可以增强意识，巩固亲密关系，培养丰富的思维。

9. 亲社会羞耻感证实了我们归属于人类团体。

10. 不要逃避这个世界，我们可以沉浸其中，从而找到解决之道。

作者声明

本书涉及隐私的对话与故事内容均已取得受访者的知情同意。尽管有些受访者同意我在书中使用其真实的姓名与人口统计学特征，但出于对隐私保护的考虑，我对书中人物的姓名及其人口统计学特征进行了删改。在征求相关人员许可的过程中，对方也对下述内容表示同意："虽然我使用了化名，但当了解你的人读到本书中有关你的故事时，很可能会认出该人物是你。对此你是否同意？""如有任何你不希望透露的细节，请告知我，我会将其删除。"

致谢

感谢我的患者，在本书的写作过程中，他们与我分享了自己的经历与反思。他们不仅愿意在我面前剖析自己，也愿意将真实的自我展示给看不见的、素不相识的读者，这需要极大的勇气和胸怀。这是我与他们共同完成的作品。

除了患者以外，我还要感谢那些愿意接受采访的人。他们对成瘾和康复的见解为我提供了巨大帮助。

我很庆幸自己的身边有那么多富有思想和创造力的人。通过交流，我理解了他们的观点，并将其融入本书之中。在此，我无法一一致谢，但我想特别感谢肯特·邓宁顿、基思·汉弗莱斯、埃里克·J.伊安内利、罗布·马伦卡、马修·普雷库佩克、约翰·鲁克和丹尼尔·萨尔。

此外，我还要感谢罗宾·科尔曼让我重拾写作，感谢邦妮·索洛对这个项目的信任，感谢黛布·麦卡罗尔绘制的插图，感谢斯蒂芬·莫罗和汉娜·菲尼将本书呈现在读者面前。

最后，我要感谢我亲爱的丈夫安德鲁，这一切成果都离不开他的支持。

注释

（以下段首数字为本书正文对应页码）

3“被我们忽视的当代先知”：肯特·邓宁顿，《成瘾与美德：超越疾病与选择的模式》（*Addiction and Virtue: Beyond the Models of Disease and Choice*）（伊利诺伊州，唐纳斯格罗夫：校际出版社，2011年）。本文探讨了成瘾与信仰的问题，是一篇优秀的神学和哲学专题论文。

20美国的阿片类药物成瘾已经达到流行病的程度：安娜·伦布克，《药物经销商，医学博士：医生如何受骗，患者如何上瘾，为何难以阻止》（*Drug Dealer, MD：How Doctors Were Duped, Patients Got Hooked, and Why It's So Hard to Stop*）（第1版）（巴尔的摩：约翰斯·霍普金斯大学出版社，2016年）。针对该话题的优秀论著有很多，包括巴里·迈耶（Barry Meier）的《止痛药：一个隐瞒真相的帝国与美国阿片类药物迅速流行的根源》（*Pain Killer: An Empire of Deceit and the Origin of America's Opioid Epidemic*）；山姆·昆诺斯（Sam Quinones）的《梦瘾：美国阿片类药物泛滥的真相》（*Dreamland: The True Tale of America's Opiate Epidemic*）；贝丝·梅西（Beth Macy）的《药片美国：让一个国家染上药瘾的经销商、医生和医药公司》（*Dopesick: Dealers, Doctors and the Drug Company That Addicted America*）。包括本人的拙作在内的所有论著都从不同的角度探讨了阿片类药物流行的起源。

20 “供应量大幅增加”：美国公共卫生学院与项目协会下属的针对阿片类药物危机的公共卫生倡议工作组，《科学应对阿片类药物：报告与建议》（*Bringing Science to Bear on Opioids: Report and Recommendations*），2019 年 11 月。

20 “反复使用阿片类药物”：美国公共卫生学院与项目协会下属的针对阿片类药物危机的公共卫生倡议工作组，《科学应对阿片类药物：报告与建议》（*Bringing Science to Bear on Opioids: Report and Recommendations*），2019 年 11 月。

20 禁酒令使美国饮酒和酒精成瘾的人数急剧减少：韦恩·霍尔（Wayne Hall），《1920—1933 年美国禁酒政策的经验教训有哪些？》，《成瘾》（*Addiction*）105，第 7 期（2010）：1164-73，https://doi.org/10.1111/j.1360-0443.2010.02926.x。

20 意想不到的后果：罗伯特·麦康恩（Robert MacCoun），《药物与法律：对药物禁令的心理分析》，《心理通报》（*Psychological Bulletin*）113（1993 年 6 月 1 日）：497-512，https://doi.org/10.1037//0033-2909.113.3.497。关于精神药物的禁令、无罪化与合法化的影响一直存在着大量争议与讨论。罗伯特·麦康恩综合了经济学、心理学和政治哲学，对该问题进行了深入研究。

21 被诊断为酒精成瘾的人数……增加了 50%：布里奇特 · F. 格兰特，S. 帕特丽夏 · 周，图尔希 ·D. 萨哈，罗杰 ·P. 皮克林，布拉德利 ·T. 克里奇，W. 琼 · 阮，黄柏基等，《2001—2002 年度至 2012—2013 年度美国 12 个月酒精使用、高风险饮酒和 DSM-IV 酒精使用障碍的患病率：全国酒精及相关疾病流行病学调查结果》，《美国医学会精神病学杂志》（*JAMA Psychiatry*）74，第 9 期（2017 年 9 月 1 日）：911-23，https://doi.org/10.1001/jamapsychiatry.2017.2161。

21 精神疾病也是一个风险因素：安娜 · 伦布克，《是时候抛弃精神疾病患者的自我药物治疗假说了》，《美国药物和酒精滥用杂志》（*American Journal of Drug and Alcohol Abuse*）38，第 6 期（2012）：524-29，https://doi.org/10.3109/00952990.2012.694532。

21 “边缘资本主义”：戴维 · 考特莱特，《上瘾的时代：坏习惯如何变成大生意》（*The Age of Addiction: How Bad Habits Became Big Business*）（马萨诸塞州，剑桥：贝尔纳普出版社，2019 年），https://doi.org/10.4159/9780674239241。作者的研究耐人寻味且精深广博，探讨了随着时间的推移和文化的差异，成瘾物质的获取日益方便，从而增加了成瘾物质的消费量。

22 卷烟机：马修 · 科尔曼、甘泉、刘文南，罗伯特 · N. 普罗克托主编，《有毒的熊猫：批判历史视野下的中国卷烟制造》（*Poisonous Pandas: Chinese Cigarette Manufacturing in Critical Historical Perspectives*）（加利福尼亚州，斯坦福：斯坦福大学出版社，2018 年）。

22 吗啡成瘾：戴维 · 考特莱特，《鸦片和吗啡成瘾》，节选自

《黑暗乐园：美国鸦片毒瘾的历史》（*Dark Paradise: A History of Opiate Addiction in America*）（马萨诸塞州，剑桥：哈佛大学出版社，2009年），https://doi.org/10.2307/j.ctvk12rb0.7。这是历史学家大卫·考特莱特的另一部力作，从历史的角度追溯阿片类药物流行的起源，包括19世纪末，当时的医生经常给维多利亚时代的家庭主妇开吗啡等药物。

23 薯片和油炸食品生产线的自动化：美国马铃薯协会，《2016年马铃薯统计年鉴》（*Potato Statistical Yearbook 2016*），2020年4月18日查阅，https://www.nationalpotatocouncil.org/files/7014/6919/7938/NPCyearbook2016_-_FINAL.pdf。

23 泰式番茄椰汁：安妮·加斯帕罗、杰西·纽曼，《口味的新科学：1000种香蕉口味》，《华尔街日报》，2014年10月31日。另见戴维·考特莱特的《上瘾的时代：坏习惯如何变成大生意》，书中对食品行业的变化进行了精彩的引申讨论。

30 全球主要的死亡风险因素：尚蒂·门迪斯、蒂姆·阿姆斯特朗、道格拉斯·贝彻、弗朗切斯科·布兰卡、杰里米·劳尔、塞西尔·梅斯、弗拉基米尔·波兹尼亚克、莱恩·赖利、维拉·达·科斯塔·席尔瓦、格雷琴·史蒂文斯，《2014年全球非传染性疾病现状报告》（世界卫生组织，2014年），https://apps.who.int/iris/bitstream/handle/10665/148114/9789241564854_eng.pdf。

30 现在全球超重人数已超过低体重人数：玛丽·吴、汤姆·弗莱明、玛格丽特·罗宾逊、布莱克·汤姆森、尼古拉斯·格雷茨、克里斯托弗·马戈诺、艾琳·C. 穆勒尼等，《1980—2013年全球、地区和国家的儿童与成年人的超重和肥胖率：2013年全球疾病负担研究的系统分析》,《柳叶刀》384,第 9945 期(2014 年 8 月):766-81,https://doi.org/10.1016/S0140-6736 (14)60460-8。

31 全球……因成瘾导致的死亡人数都有所上升:汉娜·里奇、马克斯·罗斯,《药物使用》,《以数据看世界》,2019 年 12 月,https://ourworldindata. org/drug-use。

31 "绝望之死":安妮·凯斯、安格斯·迪顿,《绝望之死与资本主义的未来》(*Deaths of Despair and the Future of Capitalism*)(新泽西州,普林斯顿:普林斯顿大学出版社,2020 年),https://doi.org/10.2307/j.ctvpr7rb2。

31 世界自然资源正在急速减少:《资本阵痛》,《经济学人》,2020 年 7 月 18 日。原文来源请见 https://www.unenvironment.org/resources/report/inclusive-wealth-report-2018,以及 https://www.sciencedirect.com/science/article/pii/S0306261919305215。

37 "信仰宗教的人生来":菲利普·里夫,《治疗观的胜利》(纽约:哈珀和罗,1966 年)。

37 新世纪"内心的神"的宗教体系:罗斯·多赛特,《坏宗教》(纽约:自由出版社,2013 年)。

40 痛感有益健康:玛丽西亚·L. 梅尔德姆,《疼痛管理简史》,《美国医学会杂志》290,第 18 期(2003):2470-75,https://doi.org/10.1001/jama.290.18.2470。

40 在手术中使用阿片类药物:维多利亚·K. 尚穆加姆、卡拉·S. 科奇、肖恩·麦克尼什、理查德·L. 阿姆杜,《针对慢性创伤的阿片类药物治疗与愈合率之间的关系》,《创伤修复与再生》(*Wound Repair and Regeneration*)25,第 1 期(2017):120-30,https://doi.

org/10.1111/wrr.12496。

40“大自然……使用的工具”：托马斯·西德纳姆，《痛风与水肿的专题论文》，《托马斯·西德纳姆博士关于急性病和慢性病的著作合集》（伦敦，1783年），254，https://books.google.com/booksid=isxsaamaaj&printsec=frontcover&source=gbs_ge_summary_r&cad=0#v=onepage&q&f= false 2。

40 大量让人感觉良好的处方药：美国卫生与公众服务部的药物滥用和心理健康服务管理局，《2012年美国行为健康》，卫生与公众服务部出版物编号（SMA）13-47972013，http://www.samhsa.gov/data/sites/default/files/2012-BHUS.pdf。

40 二十分之一的儿童：布鲁斯·S.乔纳斯、顾秋平、胡安·R.阿尔贝托里奥-迪亚兹，《2005—2010年美国青少年精神药物使用》，《美国国家健康统计中心数据简报》，第135期（2013年12月）：1-8。

41 帕罗西汀、百忧解和西酞普兰等抗抑郁药的使用量都在增加：经济合作与发展组织，《经济合作与发展组织健康统计》，2020年7月，http://www.oecd.org/els/health-systems/health-data.htm。劳拉·A.普拉特、黛布拉·J.布罗迪、顾秋平，《2005—2008年：美国12岁及以上人群的抗抑郁药使用情况》，《美国国家健康统计中心数据简报》第76期，2011年10月，https://www.cdc.gov/nchs/products/databriefs/db76.htm。

41 兴奋剂处方（阿德拉、利他林）：布莱恩·J.派珀、克里斯蒂·L.奥格登、奥拉佩朱·M.西莫扬、丹尼尔·Y.钟、詹姆斯·F.卡吉亚诺、斯蒂芬妮·D.尼科尔斯、肯尼斯·L.麦考尔，《2006年至2016年美国与各地区处方兴奋剂的使用趋势》，《公共科学图书馆期刊》（*PLOS ONE*）13，第11期（2018），https://doi.org/10.1371/journal.pone.0206100。

41 苯二氮卓类药物（阿普唑仑、氯硝西泮、安定）也具有成瘾性：马库斯·A. 巴赫胡伯、肖恩·亨尼西、唐纳佐·O. 坎宁安、乔安娜·L. 斯塔勒斯，《1996—2013年美国苯二氮卓类药物处方与药物过量致死率增加》，《美国公共卫生杂志》106，第4期（2016）：686-88，https://doi.org/10.2105/AJPH.2016.303061。

42 “人对消遣的爱好乃是无穷无尽的”：阿道司·赫胥黎，《重返美丽新世界》（纽约：哈珀柯林斯，2004年）。

42 “美国人不再彼此交谈，他们彼此娱乐”：尼尔·波兹曼，《娱乐至死》（纽约：企鹅图书出版社，1986年）。

46《世界幸福报告》：约翰·F. 赫利韦尔、黄海芳、王顺，《第二章——改变世界幸福》，《2019年世界幸福报告》，2019年3月20日，10-46。

47 富裕国家的焦虑症发病率更高：艾利特·梅隆·鲁西奥、劳伦·S. 哈利昂、卡门·C.W. 林、塞尔吉奥·阿吉拉尔·加西奥拉、阿里·哈姆扎维、乔迪·阿隆索、劳拉·海伦娜·安德拉德等，《全球DSM-5广泛性焦虑障碍流行病学横断面比较》，《美国医学会精神病学杂志》74，第5期（2017）：465-75，https://doi.org/10.1001/jamapsychiatry.2017.0056。

47 全球抑郁症病例增加了50%：刘清清、何海荣、金阳、冯晓杰、赵凡凡、吕军，《1990—2017年全球抑郁症的负担变化：全球疾病负担研究》，《精神病学研究杂志》126（2019年6月）：134-40，https://doi.org/10.1016/j.jpsychires.2019.08.002。

47 有越来越多的人的身体出现了疼痛：戴维·G. 布兰奇弗洛尔、安德鲁·J. 奥斯瓦尔德，《现代美国人的不幸与痛苦：关于卡罗尔·格雷厄姆〈人人幸福〉的评论文章和进一步证据》，德国劳动研究所（IZA）讨论论文，2017 年 11 月。

48 一个空前富裕……的时代：罗伯特·福格尔，《第四次大觉醒及平等主义的未来》（芝加哥：芝加哥大学出版社，2000 年）。

50 住在英国伦敦附近的凯瑟琳·蒙塔古：凯瑟琳·蒙塔古，《大鼠的身体组织与其他动物大脑中的儿茶酚化合物》，《自然》，180（1957）：244-45，https://doi.org/10.1038/180244a0。

50 “想要”，而不是“喜欢”：布莱恩·阿迪诺夫，《药物奖赏与成瘾的神经生物学过程》，《哈佛精神病学评论》12，第 6 期（2004）：305-20，https://doi.org/10.1080/10673220490910844。

50 无法产生多巴胺的基因工程小鼠：周群勇、理查德·D. 帕米特，《缺乏多巴胺的小鼠活动力严重减退、渴感减退并出现失语症》，《细胞》第 7 期（1995）：1197-1209，https://doi.org/10.1016/0092-8674(95)90145-0。

52 对装在盒子里的大鼠进行研究发现，巧克力：瓦伦蒂娜·巴萨里奥、盖塔诺·迪·基亚拉，《食欲刺激对进食诱发的中脑边缘多巴胺传递影响及其与动机状态的关系》，《欧洲神经科学杂志》11，第 12 期（1999）：4389-97，https://doi.org/10.1046/j.1460-9568.1999.00843.x。

52 性行为可以提高 100%：丹尼斯·F. 菲奥里诺、阿丽亚娜·库里、安东尼·G. 菲利普斯，《雄性大鼠在柯立芝效应期间大脑伏隔核多巴胺分泌动态变化》，《神经科学杂志》17，第 12 期（1997）：

4849-55，https://doi.org/10.1523/jneurosci.17-12-04849.1997。

52 尼古丁提高 150%：盖塔诺·迪·基亚拉、阿孙塔·因佩拉托，《人类药物滥用优先增加自由活动的大鼠中脑边缘系统的突触多巴胺浓度》，《美国国家科学院院刊》85，第 14 期（1988）：5274-78，https://doi.org/10.1073/pnas.85.14.5274。

52 区域是重叠的：西丽·莱克内斯、艾琳·特蕾西，《快乐和痛苦的共同神经生物机制》，《自然评论—神经科学》第 4 期，9（2008）：314-20，https://doi.org/10.1038/nrn2333。

55 "偏离愉悦或情感的中立状态"：理查德·L. 所罗门、约翰·D. 科比特，《动机的对立过程理论》，《美国经济评论》68，第 6 期（1978）：12-24。

58 阿片类药物诱导的痛觉过敏：罗英慧、柯林·F. 克拉克、比利·K. 哈，《阿片类药物诱导的痛觉过敏：对流行病学、机制与管理的评述》，《新加坡医学杂志》，53，第 5 期（2012）：357-60。

58 当这些患者逐渐减少阿片类药物的用量时：约瑟夫·W. 弗兰克、特拉维斯·I. 洛夫乔伊、威廉·C. 贝克尔、本杰明·J. 莫拉斯科、克里斯托弗·J. 柯尼格、莉莲·霍菲克、汉娜·R. 斯金格等，《长期服用阿片类药物的患者在减少剂量或停用后的反应：系统综述》，《内科学年鉴》167，第 3 期（2017）：181-91，https://doi.org/10.7326/M17-0598。

58 "降低了大脑奖赏回路对自然奖励刺激的敏感性"：诺拉·D. 沃尔科夫、乔安娜·S. 福勒、吉恩 - 杰克·王，《多巴胺在人类药物强化和成瘾中的作用：影像研究成果》，《行为药理学》（*Behavioural Pharmacology*）13，第 5 期（2002）：355-66，https://doi.org/10.1097/0

0008877-200209000-00008。

60“由烦躁导致的复发”：乔治 · F. 库布，《快乐稳态失调驱动药物寻求行为》，《今日药物发现：疾病模型》（*Drug Discovery Today: Disease Models*）5，第 4 期（2008）：207-15，https://doi.org/10.1016/j.ddmod.2009.04.002。

64 赌博成瘾：雅各布 · 林内特、埃里卡 · 彼得森、多丽丝 · J. 杜德、阿尔伯特 · 杰德、阿恩 · 默勒，《病理性赌博症患者输钱时大脑腹侧纹状体多巴胺的释放》，《斯堪的纳维亚精神病学学报》（*Acta Psychiatrica Scandinavica*），122，第 4 期（2010）：326-33，https://doi.org/10.1111/j.1600-0447.2010.01591.x。

64 经验依赖性神经可塑性：特里 · E. 罗宾逊，布莱恩 · 科尔布，《与药物滥用相关的结构可塑性》，《神经药理学》（*Neuropharmacology*）47，增刊 1（2004）：33-46，https://doi.org/10.1016/j.neuropharm.2004. 06.025。

66 大鼠的学习能力：布莱恩 · 科尔布、格拉兹娜 · 戈尔尼、李依林、安妮 · 诺埃尔 · 萨马哈、特里 · E. 罗宾逊，《苯丙胺或可卡因限制了后期经验促进新皮质和伏隔核结构可塑性的能力》，《美国国家科学院院刊》100，第 18 期（2003）：10523-28，https://doi.org/10.1073/pnas.1834271100。

66 找到新的突触回路，从而形成健康的行为：桑德拉 · 钱劳德、安妮 - 莉斯 · 皮特尔、伊娃 · M. 穆勒 - 奥林、阿道夫 · 菲弗鲍姆、伊迪丝 · V. 沙利文，《大脑重新映射以补偿恢复期酗酒者的损伤》，《大脑皮层》（*Cerebral Cortex*），23（2013）：97-104，doi：10.1093/cercor/bhr38；崔长海、安东尼奥 · 诺伦哈、肯尼斯 · R. 沃伦、乔治·F. 库布、拉吉塔·辛哈、马赫什·塔卡尔、约翰·马托奇克等,《治疗酒精依赖症的大脑回路》,《酒精》(Alcohol) 49,第 5 期(2015):435-52,https://doi.org/10.1016/j.alcohol.2015.04.006。

66 光遗传学:文森特·帕斯科利、马克·图里奥特、克里斯蒂安·吕谢尔,《逆转可卡因诱发的突触增强以重置药物诱导的适应性行为》,《自然》481(2012):71-75,https://doi.org/10.1038/nature10709。

68 "一张通往医院的安全环境的门票":亨利·比彻,《战争中伤员的疼痛研究》,《麻醉与痛觉缺失》,1947 年,https://doi.org/10.1213/00000539-194701000-00005。

68 脚踩在一枚 15 厘米长的钉子上:J.P. 费希尔、D.T. 哈山、N. 奥康纳,《关于疼痛的病例报告》,《英国医学杂志》310,第 6971 期(1995):70,https://www.ncbi.nlm.nih.gov/pmc/articles/PMC2548478/pdf/bmj00574-0074.pdf。

69 "我们是雨林中的仙人掌":汤姆·菲纽肯博士是美国巴尔的摩约翰斯·霍普金斯大学(Johns Hopkins University)的医学教授,我曾任该校客座教授,有幸了解到他的研究。第一次听到这句话是在与他的学生共进晚餐的时候,当时我就想,必须要将这句话纳入本书中。

80 多巴胺的水平仍然低于正常水平:诺拉·D. 沃尔科夫、乔安娜·S. 福勒、吉恩-杰克·王、詹姆斯·M. 斯旺森,《多巴胺与药物滥用和成瘾:影像研究成果与治疗效果》,《分子精神病学》(*Molecular Psychiatry*)9,第 6 期(2004 年 6 月):557-69,https://doi.org/10.1038/sj.mp.4001507。

80 戒酒一个月后：桑德拉·A. 布朗、马克·A. 舒克特，《戒酒者的抑郁情绪变化》，《酒精研究杂志》（*Journal on Studies of Alcohol*）49，第 5 期（1988）：412-17，https://pubmed.ncbi.nlm.nih.gov/3216643/。

81 抑郁症的标准治疗方法：肯尼斯·B. 威尔斯、罗兰·斯特姆、凯西·D. 谢尔伯恩、丽莎·S. 梅雷迪斯，《抑郁症治疗》（*Caring for Depression*）（马萨诸塞州，剑桥：哈佛大学出版社，1996 年）。

88 有节制地使用他们喜欢的东西：马克·B. 索贝尔、琳达·C. 索贝尔，《25 年后节制饮酒：大辩论有多重要？》，《成瘾》90，第 9 期（1995）：1149-53 页。琳达·C. 索贝尔、约翰·A. 坎宁安、马克·B. 索贝尔，《接受治疗与不接受治疗后的戒酒情况：两类群体调查中的患病率》，《美国公共卫生杂志》86，第 7 期（1996）：966-72。

89 破堤效应：罗洛夫·埃克尔布姆、兰德尔·休伊特，《间歇使用蔗糖溶液会导致大鼠的长期消耗量增加》，《生理学与行为》165（2016）：77–85，https://doi.org/10.1016/j.physbeh.2016.07.002。

89 一旦再次接触到酒精，就会出现酗酒现象：瓦伦蒂娜·文杰琳、阿因霍·毕尔巴鄂、雷纳·斯潘内格尔，《研究复发行为的酒精剥夺效应模型：对比大鼠与小鼠》，《酒精》48，第 3 期（2014）：313-20，https://doi.org/10.1016/j.alcohol.2014.03.002。

93 雅各布扔掉机器的行为就是自我约束：第一次了解“自我约束”的概念是在萨利·萨特尔和斯科特·O. 利连菲尔德的文章中。萨利·萨特尔、斯科特·O. 利连菲尔德，《成瘾与脑部疾病的谬误》，《精神病学前沿》（*Frontiers in Psychiatry*）4（2014 年 3 月）：1-11，https://doi.org/10.3389/fpsyt.2013.00141。有一段时间，我非常钦佩萨特尔的研究，她在文中用自我约束来强调“个人能动性在延续使用和复发循环中的巨大作用”。但是，我不同意本文的基本前提，即用自我约束的能力驳斥了成瘾的疾病模型。我认为，我们对自我约束的需求恰恰说明了成瘾的强大吸引力以及随之带来的大脑变化，这与疾病模型一致。经济学家托马斯·谢林（Thomas Schelling）也曾提及自我约束的概念，但他称之为“自我管理”和“自我克制”：《在实践、政策和理性选择理论中的自我克制》，《美国经济评论》74，第 2 期（1984）：1-11，https://econpapers.repec.org/article/aeaaecrev/v_3a74_3ay_3a1984_3ai_3a2_3ap_3a1-11.htm。https://doi.org/10.2307/1816322。

98 提前半个小时服用纳曲酮：J.D. 辛克莱，《关于使用纳曲酮并以不同方式应用纳曲酮治疗酒精中毒的证据》，《酒精与酒精中毒》（*Alcohol and Alcoholism*）36，第 1 期（2001）：2-10，https://doi.org/10.1093/alcalc/36.1.2。

98 北京……戒毒医疗机构：安娜·伦布克、张纽申，《当代中国海洛因使用者寻求治疗的定性研究》，《成瘾科学与临床实践》（*Addiction Science & Clinical Practice*）10，第 23 期（2015），https://doi.org/10.1186/s13722-015-0044-3。

99 对酒精产生双硫仑样反应：杰弗里·S. 章、萧振仁、陈哲弘，《亚洲人 ALDH2 多态性与酒精相关癌症：公共卫生视角》，《生物医学科学杂志》（*Journal of Biomedical Science*）24，第 19 期（2017）：1-10，https://doi.org/10.1186/s12929-017-0327-y。

101 胃旁路手术……出现了新的酒精成瘾问题：玛格达莱娜·普莱卡·奥斯特伦德、奥洛夫·巴克曼、理查德·马斯克、达格·斯托克菲尔德、杰斯珀·拉格伦、芬恩·拉斯穆森、埃里克·纳斯伦德，

《与限制性减肥手术相比，胃旁路手术后因酒精依赖入院的人数增加》，《美国医学会外科杂志》148，第4期（2013）：374-77，https://doi.org/10.1001/jamasurg.2013.700。

103 在长时间接触的条件下……甲基苯丙胺：杰森·L. 罗杰斯、西尔维亚·德桑蒂斯、罗纳德·E. 西伊，《延长甲基苯丙胺的自我给药时间增强药物寻求行为的恢复并损害新奇物识别能力》，《精神药理学》199，第4期（2008）：615-24，https://doi.org/10.1007/s00213-008-1187-7。

103 在长时间接触的条件下……尼古丁：劳拉·E. 奥戴尔、斯科特·A. 陈、罗恩·T. 史密斯、希拉·E. 斯佩西奥、罗伯特·L. 鲍尔斯特、尼尔·E. 帕特森、阿蒂娜·马库等，《长期服用尼古丁会产生依赖：测量大鼠的昼夜节律、戒断与灭绝行为》，《药理学和实验治疗学杂志》（*Journal of Pharmacology and Experimental Therapeutics*）320，第1期（2007）：180-93，https://doi.org/10.1124/jpet.106.105270。

103 在长时间接触的条件下……海洛因：斯科特·A. 陈、劳拉·E. 奥戴尔、迈克尔·E. 霍弗、托马斯·N. 格林威尔、埃里克·P. 佐里拉、乔治·F. 库布，《无限制使用海洛因：阿片类药物依赖的独立动机标记物》，《神经精神药理学》（*Neuropsychopharmacology*）31，第12期（2006）：2692-707，https://doi.org/10.1038/sj.npp.1301008。

103 在长时间接触的条件下……酒精：玛西娅·斯波尔德、彼得·海塞林、安妮玛丽·巴尔斯、何塞·G. 洛泽曼 - 范特·克卢斯特、马丁·D. 罗特、洛克·J.M.J. 范德斯楚伦、海蒂·M.B. 莱舍尔，《根据酒精摄入的个体差异预测大鼠的强化、动机和强迫性酒精使用》，《酒精中毒：临床与实验研究》（*Alcoholism: Clinical and Experimental*

Research）39，第 12 期（2015）：2427-37，https://doi.org/10.1111/acer.12891。

103 药物剂量会保持稳定：谢尔盖 ·H. 艾哈迈德、乔治 ·F. 库布，《从适度用药到药物过量：快乐设定点的变化》，《科学》282，第 5387 期（1998）：298-300，https://doi.org/10.1126/science.282.5387.298。

104 中奖彩票：安妮 ·L. 布雷特维尔 - 詹森，《成瘾与折扣》，《卫生经济学杂志》（*Journal of Health Economics*）18，第 4 期（1999）：393-407，https://doi.org/10.1016/S0167-6296(98)00057-5。

104 吸烟者……对未来奖励的折扣：沃伦 · K. 比克尔、本杰明 · P. 科瓦尔、基尔斯汀 · M. 加查利安，《将成瘾理解为时间视域异常》，《今日行为分析》（*Behavior Analyst Today*）7，第 1 期（2006）：32-47，https://doi.org/10.1037/h0100148。

105 "时间视域" 会有明显的缩小：南希 · M. 佩特里、沃伦 · K. 比克尔、玛莎 · 阿内特，《海洛因成瘾者时间视域缩短且对未来后果的敏感性降低》，《成瘾》93，第 5 期（1998）：729-38，https://doi.org/10.1046/j.1360-0443.1998.9357298.x。

106 即时奖励与延迟奖励：塞缪尔 · M. 麦克卢尔、戴维 · I. 莱布森、乔治 · 洛文斯坦、乔纳森 · D. 科恩，《重视即时奖励与延迟奖励的神经系统相互独立》，《科学》306，第 5695 期（2004）：503-7，https://doi.org/10.1126/science.1100907。

106 生活在巴西贫民窟的同龄人：丹达拉 · 拉莫斯、蒂尼亚 · 维克托、玛丽亚 · L. 塞德尔 · 德莫拉、马丁 · 戴利，《里约热内卢贫民窟青年与大学生对未来回报的折扣对比》，《青少年研究杂志》（*Journal of Research on Adolescence*）23，第 1 期（2013）：95-102，https://doi.

org/10.1111/j.1532-7795.2012.00796.x。

107 美国人的空闲时间：罗伯特·福格尔，《第四次大觉醒及平等主义的未来》（芝加哥：芝加哥大学出版社，2000 年）。这些关于美国人空闲时间与工作时间的数据均来自福格尔的这一著作，本书分析了美国过去四百年的经济、社会和精神变革，读之令人惊叹。

107 其他高收入国家的数据也基本类似：经济合作与发展组织，《特别关注：经济合作与发展组织成员国的空闲时间定量分析》，载于《2009 年社会概览：经济合作与发展组织社会指标》（*Society at a Glance 2009: OECD Social Indicators*）（巴黎：经济合作与发展组织出版社，2009 年），https://doi.org/10.1787/soc_glance-2008-en。

107 因受教育程度和社会经济地位的不同而有所差异：戴维·R. 弗朗西斯，《为什么高收入者的工作时间更长》，美国国家经济研究局文摘，2020 年 9 月，http://www.nber.org/digest/jul06/w11895.html。

107 "将他们的空闲时间投入在了电子游戏"：马克·阿吉亚尔、马克·比尔、克温·K. 查尔斯、埃里克·赫斯特，《空闲时间的享乐与年轻男性的劳动力供应》，美国国家经济研究局工作文件，2017 年 6 月，https://doi.org/10.3386/w23552。

108 "感到厌烦或因无法解决问题而沮丧"：埃里克·J. 伊安内利，《疯狂的物种》，《泰晤士报文学增刊》（*Times Literary Supplement*），2017 年 9 月 22 日。

112 "信女们……降低视线"：《古兰经：24：31 节》，2020 年 7 月 2 日查阅，http://corpus.quran.com/translation.jsp?chapter=24&verse=31。

113 "短裤、短裙"：耶稣基督后期圣徒教会，《服饰和外观》，2020 年 7 月 2 日查阅，https://www.churchofjesuschrist.org/study/

manual/for-the-strength- of-youth/dress-and-appearance?lang=eng。

113 3000种新的无麸质零食：M. 沙班德，《2014—2025年美国无麸质食品市场价值》，Statista网，2019年11月20日，2020年7月2日查阅，https://www.statista.com/statistics/884086/us-gluten-free-food-market-value/。

115 斯坦福大学著名的棉花糖实验：正田裕一、沃尔特·米谢尔、菲利普·K. 皮克，《根据学龄前儿童延迟满足能力预测青少年认知与自我调节能力：识别诊断条件》，《发展心理学》（*Developmental Psychology*）26，第6期（1990）：978-86，https://doi.org/10.1037/0012-1649.26.6.978。

116 “用手捂住眼睛”：罗伊·F. 鲍迈斯特，《你的意志力到哪里去了？》，《新科学家》（*New Scientist*）213，第2849期（2012）：30-31，https://doi.org/10.1016/s0262-4079(12)60232-2。

118 “崇拜其人格中的道德人”：伊曼纽尔·康德，《道德形而上学（1785）》，《剑桥哲学史系列》（*Cambridge Texts in the History of Philosophy*）（剑桥：剑桥大学出版社，1998年）。

119 丁丙诺啡减少了非法阿片类药物的使用：约翰·斯特朗、托马斯·巴伯、乔纳森·考金斯、贝内迪克特·菲舍尔、大卫·福克斯克罗夫特、基思·汉弗莱斯，《药物政策和公共利益：有效干预的证据》，《柳叶刀》379（2012）：71-83。

124 阿肯色州的医生……开出116张类阿片类药物处方：美国疾病预防控制中心，《美国阿片类药物处方率地图》，于2020年7月2日查阅，https://www.cdc.gov/drugoverdose /maps/rxrate-maps.html。

129 抗精神病药物的功效不够稳定：罗伯特·惠特克，《精神病大流行》(*Anatomy of an Epidemic*)(纽约：皇冠出版集团，2010年)。

129 抗精神病药物的投资大幅增加：安东尼·F. 乔姆、斯科特·B. 帕特恩、特拉奥拉克·S. 布鲁加、拉明·莫伊塔拜，《提供更多治疗是否能降低常见精神疾病的发病率？根据四个国家的数据论证》，《世界精神病学》(*World Psychiatry*) 16，第1期 (2017)：90-99，https://doi.org/10.1002/wps.20388。

130 这一过程被称为阿片类药物诱导的痛觉过敏：拉里·F. 朱、大卫·J. 克拉克、马丁·S. 安格斯特，《口服吗啡治疗一个月后慢性疼痛患者的阿片类药物耐受性和痛觉过敏：初步的前瞻性研究》，《疼痛杂志》(*Journal of Pain*) 7，第1期 (2006)：43-48，https://doi.org/10.1016/j.jpain.2005.08.001。

130 "治疗注意缺陷与多动障碍的药物与……退化有关"：格雷琴·莱弗尔·沃森、安德里亚·鲍威尔·阿科纳、大卫·O. 安东尼奥，《美国大学校园内的注意缺陷与多动障碍 (ADHD) 药物滥用危机》，《人类心理学与精神病学伦理》(*Ethical Human Psychology and Psychiatry*) 17，第1期 (2015)，https://doi.org/10.1891/1559-4343.17.1.5。

130 迟发性焦躁：里夫·S. 埃尔-迈拉赫、高永林、R·珍妮·罗伯茨，《迟发性焦躁：长期使用抗抑郁药在诱发慢性抑郁症中的作用》，《医学假说》(*Medical Hypotheses*) 76，第6期 (2011)：769-73，https://doi.org/10.1016/j.mehy.2011.01.020。

131 抗抑郁药使人"比好更好"：彼得·D. 克莱默，《神奇百忧解》(纽约：维京出版社，1993年)。

133 7.5% 的孩子：拉杰娜·D. 豪伊、帕特里夏·N. 帕斯特、苏珊·L.卢卡奇，《2011—2012年美国6~17岁儿童因情绪或行为障碍的处方药使用情况》，《美国卫生保健：发展与考虑》（*Health Care in the United States: Developments and Considerations*）5，第148号（2015）：25-35。

133 多达一万名学步儿童：艾伦·施瓦兹，《报告显示数千名学步儿童接受了ADHD药物治疗，令人担忧》，《纽约时报》，2014年5月16日。

134 “接受不良且非人道治疗后的反应”：埃德·C.莱文，《在青少年寄宿机构治疗发展性创伤障碍的挑战》，《美国精神分析与动态精神病学学会杂志》（*Journal of the American Academy of Psychoanalysis and Dynamic Psychiatry*）37，第3期（2009）：519-38，https://doi.org/10.1521/jaap.2009.37.3.519。

134 “邻里剥夺”：凯西·克鲁普、克里斯蒂娜·桑德奎斯特、简·桑德奎斯特、玛丽莲·A.温克比，《邻里剥夺与抗精神病药物处方：瑞典国家多层次研究》，《流行病学年鉴》（*Annals of Epidemiology*）21，第4期（2011）：231-37，https://doi.org/10.1016/j.annepidem.2011.01.005。

134 “经济前景较差的地区”：罗宾·盖特纳、林肯·格罗夫斯，《阿片类药物危机和经济机遇：地理和经济趋势》，美国卫生与公众服务部ASPE研究简报，2018年，https://aspe.hhs.gov/system/files/pdf/259261/ASPEEconomicOpportunityOpioidCrisis.pdf。

134 接受医疗补助的患者死于阿片类药物：马克·J.夏普、托马斯·A.梅尔尼克，《2003—2012年纽约州阿片类镇痛剂诱发的中毒死亡》，《发病率与死亡率周报》（*Morbidity and Mortality Weekly Report*）

64，第 14 期（2015）：377-80；P·库伦、S·贝斯特、A·利马、J·萨贝尔、L.J. 保罗齐，《2004—2007 年华盛顿州医疗补助登记者中处方阿片类药物过量诱发的死亡》，《发病率与死亡率周报》58，第 42 期（2009）：1171-75。

135 “只用……维持治疗，这非但不能解决问题”：亚历山大·E. 哈彻、索尼娅·门多萨、海伦娜·汉森，《以生命为代价：药物“治疗”中的种族、阶级和丁丙诺啡的作用》，《药物使用与滥用》53，第 2 期（2018）：301-10，https://doi.org/10.1080/10826084.2017.1385633。

142 10 名男性自愿在冷水中：彼得·雷梅克、玛丽·西梅科娃、拉迪斯拉夫·扬斯克、贾米拉·萨维利科娃、斯坦尼斯拉夫·维比拉尔，《人体浸入不同温度的水中的生理反应》，《欧洲应用生理学杂志》81（2000）：436-42，https://doi.org/10.1007/s004210050065。

143 冬眠的地松鼠的大脑：克里斯蒂娜·G. 冯·德·奥赫、科琳娜·达里安·史密斯、克雷格·C. 加纳、H·克雷格·海勒，《冬眠动物普遍存在依赖于温度的神经可塑性》，《神经科学杂志》（*Journal of Neuroscience*）26，第 41 期（2006）：10590-98，https://doi.org/10.1523/JNEUROSCI.2874-06.2006。

145 在狗身上进行了一系列实验：拉塞尔·M. 丘奇、文森特·洛洛尔多、J. 布鲁斯·奥维米尔、理查德·L. 所罗门、露西尔·H. 特纳，《实验犬对电击的心脏反应：电击强度与持续时间、警告信号和之前的电击经历的影响》，《比较与生理心理学杂志》（*Journal of Comparative and Physiological Psychology*）62，第 1 期（1966）：1-7，https://doi.org/10.1037/h0023476；亚伦·H. 卡彻、理查德·L. 所罗门、露西尔·H. 特纳、文森特·洛洛洛多、J. 布鲁斯·奥维米尔、罗伯特·A. 雷斯科拉，《电击时发出信号与不发出信号所造成的心率和血压反应：心交感神经切除术的影响》，《比较与生理心理学杂志》68，第 2 期（1969）：163-74；理查德·L. 所罗门、约翰·D. 科比特，《动机的对立过程理论》，《美国经济评论》68，第 6 期（1978）：12-24。

147 “我们所谓愉快”：R.S. 布鲁克，《柏拉图的斐多：柏拉图的斐多译本》（伦敦：劳特利奇出版社，2014 年），https://www.google.com/books/edition/Plato_s_Phaedo/7FzXAwAAQBAJhl=en&gbpv=1&dq=%22how+strange+Wauld+Been+this+this+that+men+call+Excellence%22&pg=PA41&printsec=frontcover。

147 “邻居的儿子……被闪电击中”：海伦·B. 陶西格，《死于雷击和重生的可能性》，《美国科学家》（*American Scientist*）57，第 3 期（1969）：306-16。

148 “环境或自我施加的温和挑战”：爱德华·J. 卡拉布雷斯、马克·P. 马特森，《毒物兴奋效应对生物学、毒理学和医学的影响》，《npj 衰老与疾病机制》（*npj Aging and Mechanisms of Disease*）3，第 13 期（2017），https://doi.org/10.1038/s41514-017-0013-z。

148 暴露在高温下的蠕虫：詹姆斯·R. 塞普瑟、帕特·特德斯科、托马斯·E. 约翰逊，《秀丽隐杆线虫的兴奋效应与衰老》，《实验老年医学》（*Experimental Gerontology*）41，第 10 期（2006）：935-39，https://doi.org/ 10.1016/j.exger.2006.09.004。

149 在离心机中快速旋转……的果蝇：纳代·米诺斯，《超重力的兴奋效应对寿命与衰老的影响》，《量效》（*Dose-Response*）4，第 2 期（2006），https://doi.org/10.2203/dose-response.05-008.minois。读到这项研究的时候，我想象自己在游乐园的一种名为“引力子”的设施里旋转两个星期到四个星期。那是一种直立的大圆筒，每分钟旋转33转，产生的离心力接近3G。果蝇的平均寿命是50天，让它们在离心机中旋转两个星期到四个星期，相当于人类在“引力子”里转上50多年。可怜的果蝇！

149 “刺激抗癌免疫”：须藤静世，《与未受辐射的个体相比，原子弹的低剂量辐射延长了寿命并降低了癌症死亡率》，《基因与环境》（*Genes and Environment*）40，第26期（2018），https://doi.org/10.1186/s41021-018-0114-3。

149 这些实验结果存在一定的争议：约翰·B.科隆、戴尔·L.普雷斯顿，《原子弹幸存者的寿命》，《柳叶刀》356，第9226期（2000年7月22日）：303-7，https://doi.org/10.1016/S0140-6736（00）02506-X。

149 限制热量摄入可以延长……寿命：马克·P.马特森、万瑞茜，《间歇性禁食和限制热量摄入对心脑血管系统的有益影响》，《营养生物化学杂志》（*Journal of Nutritional Biochemistry*）16，第3期（2005）：129-37，https://doi.org/10.1016/j.jnutbio.2004.12.007。

150 “每个星期饿自己两天”：艾莉·魏斯曼、克里斯汀·格里芬，《通过严格轻断食，吉米·坎摩尔减重效果显著》，《商业内幕》（*Business Insider*），2016年1月9日。

150 运动能够增加参与调节积极情绪的神经递质：安娜·伦布克、阿米尔·拉希穆拉，《成瘾与运动》，收录于《生活方式精神病学：通过运动、饮食和正念治疗精神疾病》（华盛顿特区：美国精神病学出版社，2019年）。

151 多巴胺对运动神经回路的重要性：丹尼尔·T.大村、达蒙·A. 克拉克、阿拉文坦·D. T. 塞缪尔、H. 罗伯特·霍维茨，《多巴胺信号传递对秀丽隐杆线虫精确的运动速度至关重要》，《公共科学图书馆期刊》7，第 6 期（2012 年），https://doi.org/10.1371/journal.pone.0038649。

151 有一半的时间是坐着的：S.W. 吴、巴里·M. 波普金，《时间使用和体力活动：世界人口运动量普遍降低》，《肥胖评论》（*Obesity Reviews*）13，第 8 期（2012 年 8 月）：659-80，https://doi.org/10.1111/j.1467-789X.2011.00982.x。

151 每天都要穿越几十千米：马克·P. 马特森，《能量摄入与运动是大脑健康与损伤疾病的决定因素》，《细胞代谢》（*Cell Metabolism*）16，第 6 期（2012）：706-22，https://doi.org/10.1016/j.cmet.2012.08.012。

152 与我开的所有药片相比，运动……的积极影响更加深远和持久：B. K. 佩德森、B. 萨尔廷，《运动疗法——运动对 26 种慢性疾病的疗效证据》，《斯堪的纳维亚运动医学与科学杂志》（*Scandinavian Journal of Medicine and Science in Sports*）25，第 S3 期（2015）：1-72。

152 “方便的暴政”：蒂姆·吴，《方便的暴政》，《纽约时报》，2018 年 2 月 6 日。

152 “当身体的两个部位同时发生两种疼痛时”：希波克拉底，《格言》，2020 年 7 月 8 日查阅，http://classics.mit.edu/Hippocrates/aphorisms.1.i.html。

153 第二次刺激后：克里斯汀·斯普林格、乌尔里克·宾格尔、克里斯蒂安·比切尔，《以痛制痛：异位伤害性条件刺激诱发内源性镇痛的脊髓上机制》，《疼痛》152，第 2 期（2011）：428-39，https://

doi.org/10.1016/j.pain.2010.11.018。

153 “针刺是能破损组织”：刘乡，《以痛制痛——针刺镇痛的基本神经机制》，《科学通报》46，第 17 期（2001）：1485-94，https://doi.org/10.1007/BF03187038。

154 “疼痛评分显著降低”：贾里德·杨格、努鲁兰·努尔、丽贝卡·麦考伊、肖恩·麦基，《小剂量纳曲酮治疗纤维肌痛：评估日常疼痛水平的小型随机、双盲、安慰剂对照、平衡、交叉试验结果》，《关节炎和风湿病》（*Arthritis and Rheumatism*）65，第 2 期（2013）：529-38，https://doi.org/10.1002/art.37734。

154 “难以理解的胡言乱语，满嘴都是稀奇古怪的新词”：乌戈·切莱蒂，《关于电击的新旧信息》，《美国精神病学杂志》（*American Journal of Psychiatry*）107，　第 2 期（1950）：87-94，https://doi.org/10.1176/ajp.107.2.87。

155 “电痉挛疗法……带来了各种神经生理和神经化学方面的变化”：阿米特·辛格、苏吉塔·库马尔·卡尔，《电痉挛疗法如何发挥作用：对其神经生物学机制的理解》，《临床精神药理学和神经科学》（*Clinical Psychopharmacology and Neuroscience*）15，第 3 期（2017）：210-21，https://doi.org/10.9758/cpn.2017.15.3.210。

158 “我多次完成了单人攀岩”：马克·辛诺特，《不可能的攀登：亚历克斯·霍诺尔德，酋长巨石与攀登人生》（纽约：达顿出版社，2018 年）。

162 大鼠会一直跑到死：克里斯·M. 舍温，《自愿的跑轮运动：回顾与新解读》，《动物行为》（*Animal Behaviour*）56，第 1 期（1998）：11-27，https://doi.org/10.1006/anbe.1998.0836。

163“一年到头都有野生小鼠在跑轮上运动”：约翰娜·H. 梅杰、尤里·罗伯斯，《在野外的跑轮》，《皇家学会学报 B：生物科学》（*Proceedings of the Royal Society B: Biological Sciences*），2014 年 7 月 7 日，https://doi.org/10.1098/rspb.2014.0210。

164 单靠压力就可以提高大脑奖赏回路中的多巴胺水平：丹尼尔·萨尔、董岩、安东内洛·邦奇、罗伯特·C. 马林卡，《药物滥用和压力会触发多巴胺神经元的常见突触适应》，《神经元》37，第 4 期（2003）：577–82，https://doi.org/10.1016/S0896-6273(03)00021-7。

164“跳伞与其他成瘾行为有相似之处”：英格玛·H. A. 弗兰肯、科琳·齐斯特拉、彼得·穆里斯，《一项针对跳伞者的研究：非药物诱导的奖励是否与快感缺乏有关？》，《神经精神药理学与生物精神病学进展》（*Progress in Neuro-Psychopharmacology and Biological Psychiatry*）30，第 2 期（2006）：297-300，https://doi.org/10.1016/j.pnpbp.2005.10.011。

165“用于身体降温的冷却器”：凯特·克尼布斯，《超级马拉松传奇人物在赛道上携带的所有装备》，Gizmodo，2015 年 10 月 29 日，https://gizmodo.com/all-the-gear-an-ultramarathon-legend-brings-with-him-on-1736088954。

165“记忆数千个复杂的手脚动作顺序”：马克·辛诺特，《亚历克斯·霍诺尔德如何在没有安全绳的情况下完成终极攀登》，《国家地理》（线上版），2020 年 7 月 8 日查阅，https://www.nationalgeographic.com/magazine/2019/02/alex-honnold-made-ultimate-climb-el-capitan-without-rope。

166“过度训练综合征”：杰弗里·B. 克莱尔、詹妮弗·B. 施瓦茨，

《过度训练综合征：实用指南》，《运动健康》（*Sports Health*）4，第2期（2012），https://doi.org/10.1177/1941738111434406。

168 受过高等教育的工薪阶层工作时间更长：戴维 · R. 弗兰西斯，《为什么高收入者的工作时间更长》，美国国家经济研究局文摘，2021年2月5日查阅。https://www.nber.org/digest/jul06/w11895.html。

172 成年人平均每天说谎0.59次到1.56次：西尔维奥 · 何塞 · 莱莫斯 · 瓦康塞略斯、马修斯 · 里扎蒂、塔米尔 · 佩雷拉 · 巴博萨、布鲁纳 · 桑戈伊 · 施密茨、瓦妮莎 · 克里斯蒂娜 · 纳西门托 · 科埃略、安德里亚 · 马查多，《从进化心理学的角度理解谎言：批判性论文》，《心理学趋势》（*Trends in Psychology*）27，第1期（2019）：141-53，https://doi.org/10.9788/TP2019.1-11。

177 诚实的神经生物学机制：米歇尔 · 安德烈 · 马雷查尔、阿兰 · 科恩、朱塞佩 · 乌加齐奥、克里斯汀 · C. 拉夫，《通过非侵入性脑刺激提高人的诚实度》，《美国国家科学院院刊》114，第17期（2017）：4360-64，https://doi.org/10.1073/pnas.1614912114。

183 催产素可以提高大脑的多巴胺水平：催产素还会促进主要的多巴胺靶点——伏隔核内的5-羟色胺（5HT）的释放，在促进“亲社会”行为方面，伏隔核内5-羟色胺的释放比多巴胺的释放更加重要。但是，同时释放的多巴胺可能会导致亲社会行为成瘾。林 · W. 洪、索菲 · 诺伊纳、贾伊 · S. 波利帕利、凯文 · T. 贝尔、马修 · 赖特、杰西卡 · J. 沃尔什、伊士曼 · M. 刘易斯等，《腹侧被盖区催产素对社会奖赏的控制作用》，《科学》357，第6358期（2017）：1406-11，https://doi.org/10.1126/science.aan4994。

184 困在塑料瓶里的大鼠：赛文 · E. 托梅克、加布里埃拉 · M.

斯泰格曼、M. 福斯特奥利夫，《海洛因对大鼠亲社会行为的影响》，《成瘾生物学》（*Addiction Biology*）24，第 4 期（2019）：676-84，https://doi.org/10.1111/adb.12633。

187 匿名戒酒会的思想和教义：《十二个步骤与十二条传统》（纽约：匿名戒酒会世界服务）。

190 “虚假自体”的概念：唐纳德 · W. 温尼科特，《真实自体和虚假自体对自我的扭曲》收录于《成熟过程和促进性环境：情绪发展理论研究》（*The Maturational Process and the Facilitating Environment: Studies in the Theory of Emotional Development*）（纽约：国际大学出版社，1960 年），140-57。

191 “感受到与自然世界的联系以及与我自己的内在本性的联系”：马克 · 爱普斯坦，《持续存在》（*Going on Being*）（波士顿：智慧出版社，2009 年）。

193 一组孩子经历了一次失约：塞莱斯特 · 基德、霍莉 · 帕尔梅里、理查德 · N. 阿斯林，《理性吃零食：幼儿在棉花糖实验中的决策受环境可靠度的影响》，《认知》（*Cognition*）126，第 1 期（2013）：109-14，https://doi.org/10.1016/j.cognition.2012.08.004。

194 “刚刚被解雇”：沃伦 · K. 比克尔、A. 乔治 · 威尔逊、陈晨、米哈伊尔 · N. 科法努斯、克里斯托弗 · T. 弗兰克，《陷入困境：负收入打击致使跨越未来和过去的估值时间窗缩小》11，第 9 期（2016）：1-12，https://doi.org/10.1371/journal.pone.0163051。

210 积极参与宗教组织：马克 · J. 埃德隆德、凯瑟琳 · M. 哈里斯、哈罗德 · G. 柯尼格、韩晓彤、格里尔 · 沙利文、朗达 · 马托斯和唐玲琪，《宗教性与降低药物使用障碍的风险：这种影响源于社会支持还是心理健康状况？》，《社会精神病学和精神流行病学》（*Social Psychiatry and Psychiatric Epidemiology*）45（2010）：827-36，https://doi.org/10.1007/s00127-009-0124-3。

216“我从主日崇拜中获得的快乐”：劳伦斯·R.伊安纳科内，《牺牲与羞耻：减少在宗教团体、公社和其他集体中的搭便车现象》，《政治经济学杂志》（*Journal of Political Economy*）100，第2期（1992）：271-91。

217 参与度较低的成员对自己的行为感到羞耻：劳伦斯·R.伊安纳科内，《为什么严格的教会有强大的影响力》，《美国社会学杂志》（*American Journal of Sociology*）99，第5期（1994）：1180-1211，https://doi.org/10.2307/2781147。

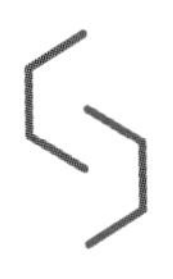

参考文献

Adinoff, Bryon. "Neurobiologic Processes in Drug Reward and Addiction." *Harvard Review of Psychiatry* 12, no. 6 (2004): 305–20. https://doi.org/10.1080/10673220490910844.

Aguiar, Mark, Mark Bils, Kerwin Kofi Charles, and Erik Hurst. "Leisure Luxuries and the Labor Supply of Young Men." National Bureau of Economic Research working paper, June 2017. https://doi .org/10.3386/w23552.

Ahmed, S. H., and G. F. Koob. "Transition from Moderate to Excessive Drug Intake: Change in Hedonic Set Point." *Science* 282, no. 5387 (1998): 298–300. https://doi.org/10.1126/science.282.5387.298.

ASPPH Task Force on Public Health Initiatives to Address the Opioid Crisis. *Bringing Science to Bear on Opioids: Report and Recommendations*, November 2019.

Bachhuber, Marcus A., Sean Hennessy, Chinazo O. Cunningham, and Joanna L. Starrels. "Increasing Benzodiazepine Prescriptions and Overdose Mortality in the United States, 1996–2013." *American Journal of Public Health* 106, no. 4 (2016): 686–88. https://doi.org /10.2105/AJPH.2016.303061.

Bassareo, Valentina, and Gaetano Di Chiara. "Modulation of Feeding-Induced Activation of Mesolimbic Dopamine Transmission by Appetitive Stimuli and Its Relation to Motivational State." *European Journal of Neuroscience* 11, no. 12 (1999): 4389–97. https://doi.org/10.1046/j.1460-9568.1999.00843.x.

Baumeister, Roy F. "Where Has Your Willpower Gone?" *New Scientist* 213, no. 2849 (2012): 30–31. https://doi.org/10.1016/s0262 -4079(12)60232-2.

Beecher, Henry. "Pain in Men Wounded in Battle." *Anesthesia & Analgesia* 26, no. 1 (1947): 21. https://doi.org/10.1213/00000539-194701000-00005.

Bickel, Warren K., A. George Wilson, Chen Chen, Mikhail N. Koffarnus, and Christopher T. Franck. "Stuck in Time: Negative Income Shock Constricts the Temporal Window of Valuation Spanning the Future and the Past." *PLOS ONE* 11, no. 9 (2016): 1–12. https://doi.org/10.1371/journal.pone.0163051.

Bickel, Warren K., Benjamin P. Kowal, and Kirstin M. Gatchalian. "Understanding Addiction as a Pathology of Temporal Horizon." *Behavior Analyst Today* 7, no. 1 (2006): 32–47. https://doi.org/10.1037/h0100148.

Blanchflower, David G., and Andrew J. Oswald. "Unhappiness and Pain in Modern America: A Review Essay, and Further Evidence, on Carol Graham's Happiness for All?" IZA Institute of Labor Economics discussion paper, November 2017.

Bluck, R. S. *Plato's* Phaedo*: A Translation of Plato's* Phaedo. London: Routledge, 2014. https://www.google.com/books/edition/Plato_s_Phaedo/7FzXAwAAQBAJ?hl=en&gbpv=1&dq=%22how+strange+would+appear+to+be+this+thing+that+men+call+pleasure%22&pg=PA41&printsec=frontcover.

Bretteville-Jensen, A. L. "Addiction and Discounting." *Journal of Health Economics* 18, no. 4 (1999): 393–407. https://doi.org/10.1016/S0167-6296(98)00057-5.

Brown, S. A., and M. A. Schuckit. "Changes in Depression among Abstinent Alcoholics." *Journal on Studies of Alcohol* 49, no. 5 (1988): 412–17. http://www.ncbi.nlm.nih.gov/entrez/query.fcgi?cmd=Retrieve&db=PubMed&dopt=Citation&list_uids=3216643.

Calabrese, Edward J., and Mark P. Mattson. "How Does Hormesis Impact Biology, Toxicology, and Medicine?" *npj Aging and Mechanisms of Disease* 3, no. 13 (2017). https://doi.org/10.1038/s41514-017-0013-z.

"Capital Pains." *Economist*, July 18, 2020.

Case, Anne, and Angus Deaton. *Deaths of Despair and the Future of Capitalism*. Princeton, NJ: Princeton University Press, 2020. https://doi.org/10.2307/j.ctvpr7rb2.

Centers for Disease Control and Prevention. "U.S. Opioid Prescribing Rate Maps." Accessed July 2, 2020. https://www.cdc.gov /drugoverdose/maps/rxrate-maps.html.

Cerletti, Ugo. "Old and New Information about Electroshock." *American Journal of Psychiatry* 107, no. 2 (1950): 87–94. https://doi .org/10.1176/ajp.107.2.87.

Chang, Jeffrey S., Jenn Ren Hsiao, and Che Hong Chen. "ALDH2 Polymorphism and Alcohol-Related Cancers in Asians: A Public Health Perspective." *Journal of Biomedical Science* 24, no. 1 (2017): 1–10. https://doi.org/10.1186/s12929-017-0327-y.

Chanraud, Sandra, Anne-Lise Pitel, Eva M. Muller-Oehring, Adolf Pfefferbaum, and Edith V. Sullivan. "Remapping the Brain to Compensate for Impairment in Recovering Alcoholics," *Cerebral Cortex* 23 (2013): 97–104. http://doi:10.1093/cercor/bhr38.

Chen, Scott A., Laura E. O'Dell, Michael E. Hoefer, Thomas N. Greenwell, Eric P. Zorrilla, and George F. Koob. "Unlimited Access to Heroin Self-Administration: Independent Motivational Markers of Opiate Dependence." *Neuropsychopharmacology* 31, no. 12 (2006): 2692–707. https://doi.org/10.1038/sj.npp.1301008.

Chiara, G. Di, and A. Imperato. "Drugs Abused by Humans Preferentially Increase Synaptic Dopamine Concentrations in the Mesolimbic System of Freely Moving Rats." *Proceedings of the National Academy of Sciences of the United States of America* 85, no. 14 (1988): 5274–78. https://doi.org/10.1073/pnas.85.14.5274.

Chu, Larry F., David J. Clark, and Martin S. Angst. "Opioid Tolerance and Hyperalgesia in Chronic Pain Patients after One Month of Oral Morphine Therapy: A Preliminary Prospective Study." *Journal of Pain* 7, no. 1 (2006): 43–48. https://doi.org/10.1016/j.jpain.2005.08.001.

Church of Jesus Christ of Latter-day Saints. "Dress and Appearance." Accessed July 2, 2020. https://www.churchofjesuschrist

.org/study/manual/for-the-strength-of-youth/dress-and-appearance ?lang=eng.

Church, Russell M., Vincent LoLordo, J. Bruce Overmier, Richard L. Solomon, and Lucille H. Turner. "Cardiac Responses to Shock in Curarized Dogs: Effects of Shock Intensity and Duration, Warning Signal, and Prior Experience with Shock." *Journal of Comparative and Physiological Psychology* 62, no. 1 (1966): 1–7. https://doi.org/10.1037/h0023476.

Cologne, John B., and Dale L. Preston. "Longevity of Atomic-Bomb Survivors." *Lancet* 356, no. 9226 (2000): 303–7. https://doi.org/10.1016/S0140-6736(00)02506-X.

Coolen, P., S. Best, A. Lima, J. Sabel, and L. Paulozzi. "Overdose Deaths Involving Prescription Opioids among Medicaid Enrollees—Washington, 2004–2007." *Morbidity and Mortality Weekly Report* 58, no. 42 (2009): 1171–75.

Courtwright, David T. "Addiction to Opium and Morphine." In *Dark Paradise: A History of Opiate Addiction in America*, 35–60. Cambridge, MA: Harvard University Press, 2009. https://doi.org/10.2307/j.ctvk12rb0.7.

Courtwright, David T. *The Age of Addiction: How Bad Habits Became Big Business*. Cambridge, MA: Belknap Press, 2019. https://doi.org/10.4159/9780674239241.

Crump, Casey, Kristina Sundquist, Jan Sundquist, and Marilyn A. Winkleby. "Neighborhood Deprivation and Psychiatric Medication Prescription: A Swedish National Multilevel Study." *Annals of Epidemiology* 21, no. 4 (2011): 231–37. https://doi.org/10.1016/j.annepidem.2011.01.005.

Cui, Changhai, Antonio Noronha, Kenneth R. Warren, George F. Koob, Rajita Sinha, Mahesh Thakkar, John Matochik, et al. "Brain Pathways to Recovery from Alcohol Dependence." *Alcohol* 49, no. 5 (2015): 435–52. https://doi.org/10.1016/j.alcohol.2015.04.006.

Cypser, James R., Pat Tedesco, and Thomas E. Johnson. "Hormesis and Aging in *Caenorhabditis Elegans*." *Experimental Gerontology* 41, no. 10 (2006): 935–39. https://doi.org/10.1016/j.exger.2006.09.004.

Douthat, Ross. *Bad Religion: How We Became a Nation of Heretics.* New York: Free Press, 2013.

Dunnington, Kent. *Addiction and Virtue: Beyond the Models of Disease and Choice.* Downers Grove, IL: InterVarsity Press Academic, 2011.

Edlund, Mark J., Katherine M. Harris, Harold G. Koenig, Xiaotong Han, Greer Sullivan, Rhonda Mattox, and Lingqi Tang. "Religiosity and Decreased Risk of Substance Use Disorders: Is the Effect Mediated by Social Support or Mental Health Status?" *Social Psychiatry and Psychiatric Epidemiology* 45 (2010): 827–36. https://doi.org/10.1007/s00127-009-0124-3.

Eikelboom, Roelof, and Randelle Hewitt. "Intermittent Access to a Sucrose Solution for Rats Causes Long-Term Increases in Consumption." *Physiology and Behavior* 165 (2016): 77–85. https://doi.org/10.1016/j.physbeh.2016.07.002.

El-Mallakh, Rif S., Yonglin Gao, and R. Jeannie Roberts. "Tardive Dysphoria: The Role of Long Term Antidepressant Use in-Inducing Chronic Depression." *Medical Hypotheses* 76, no. 6 (2011): 769–73. https://doi.org/10.1016/j.mehy.2011.01.020.

Epstein, Mark. *Going on Being: Life at the Crossroads of Buddhism and Psychotherapy.* Boston: Wisdom Publications, 2009.

Fava, Giovanni A., and Fiammetta Cosci. "Understanding and Managing Withdrawal Syndromes after Discontinuation of Antidepressant Drugs." *Journal of Clinical Psychiatry* 80, no. 6 (2019). https://doi.org/10.4088/JCP.19com12794.

Fiorino, Dennis F., Ariane Coury, and Anthony G. Phillips. "Dynamic Changes in Nucleus Accumbens Dopamine Efflux during the Coolidge Effect in Male Rats." *Journal of Neuroscience* 17, no. 12 (1997): 4849–55. https://doi.org/10.1523/jneurosci.17-12-04849.1997.

Fisher, J. P., D. T. Hassan, and N. O'Connor. "Case Report on Pain." *British Medical Journal* 310, no. 6971 (1995): 70. https://www.ncbi.nlm.nih.gov/pmc/articles/PMC2548478/pdf/bmj00574-0074.pdf.

Fogel, Robert William. *The Fourth Great Awakening and the Future of Egalitarianism*. Chicago: University of Chicago Press, 2000.

Francis, David R. "Why High Earners Work Longer Hours." National Bureau of Economic Research digest, 2020. http://www.nber.org/digest/jul06/w11895.html.

Frank, Joseph W., Travis I. Lovejoy, William C. Becker, Benjamin J. Morasco, Christopher J. Koenig, Lilian Hoffecker, Hannah R. Dischinger, et al. "Patient Outcomes in Dose Reduction or Discontinuation of Long-Term Opioid Therapy: A Systematic Review." *Annals of Internal Medicine* 167, no. 3 (2017): 181–91. https://doi.org/10.7326/M17-0598.

Franken, Ingmar H. A., Corien Zijlstra, and Peter Muris. "Are Nonpharmacological Induced Rewards Related to Anhedonia? A Study among Skydivers." *Progress in Neuro-Psychopharmacology and Biological Psychiatry* 30, no. 2 (2006): 297–300. https://doi.org/10.1016/j.pnpbp.2005.10.011.

Gasparro, Annie, and Jessie Newman. "The New Science of Taste: 1,000 Banana Flavors." *Wall Street Journal*, October 31, 2014.

Ghertner, Robin, and Lincoln Groves. "The Opioid Crisis and Economic Opportunity: Geographic and Economic Trends." ASPE Research Brief from the U.S. Department of Health and Human Services, 2018. https://aspe.hhs.gov/system/files/pdf/259261/ASPEEconomicOpportunityOpioidCrisis.pdf.

Grant, Bridget F., S. Patricia Chou, Tulshi D. Saha, Roger P. Pickering, Bradley T. Kerridge, W. June Ruan, Boji Huang, et al. "Prevalence of 12-Month Alcohol Use, High-Risk Drinking, and DSM-IV Alcohol Use Disorder in the United States, 2001–2002 to 2012–2013: Results from the National Epidemiologic Survey on Alcohol and Related Conditions." *JAMA Psychiatry* 74, no. 9 (September 1, 2017): 911–23. https://doi.org/10.1001/jamapsychiatry.2017.2161.

Hall, Wayne. "What Are the Policy Lessons of National Alcohol Prohibition in the United States, 1920–1933?" *Addiction* 105, no. 7 (2010): 1164–73. https://doi.org/10.1111/j.1360-0443.2010.02926.x.

Hatcher, Alexandrea E., Sonia Mendoza, and Helena Hansen. "At the Expense of a Life: Race, Class, and the Meaning of Buprenorphine in Pharmaceuticalized 'Care.'" *Substance Use and Misuse* 53, no. 2 (2018): 301–10. https://doi.org/10.1080/10826084.2017.1385633.

Helliwell, John F., Haifang Huang, and Shun Wang. "Chapter 2: Changing World Happiness." *World Happiness Report 2019*, March 20, 2019.

Hippocrates. *Aphorisms*. Accessed July 8, 2020. http://classics.mit.edu/Hippocrates/aphorisms.1.i.html.

Howie, Lajeana D., Patricia N. Pastor, and Susan L. Lukacs. "Use of Medication Prescribed for Emotional or Behavioral Difficulties Among Children Aged 6–17 Years in the United States, 2011–2012." *Health Care in the United States: Developments and Considerations* 5, no. 148 (2015): 25–35.

Hung, Lin W., Sophie Neuner, Jai S. Polepalli, Kevin T. Beier, Matthew Wright, Jessica J. Walsh, Eastman M. Lewis, et al. "Gating of Social Reward by Oxytocin in the Ventral Tegmental Area." *Science* 357, no. 6358 (2017): 1406–11. https://doi.org/10.1126/science.aan4994.

Huxley, Aldous. *Brave New World Revisited*. New York: HarperCollins, 2004.

Iannaccone, Laurence R. "Sacrifice and Stigma: Reducing Free-Riding in Cults, Communes, and Other Collectives." *Journal of Political Economy* 100, no. 2 (1992): 271–91.

Iannaccone, Laurence R. "Why Strict Churches Are Strong." *American Journal of Sociology* 99, no. 5 (1994): 1180–1211. https://doi.org/10.2307/2781147.

Iannelli, Eric J. "Species of Madness." *Times Literary Supplement*, September 22, 2017.

Jonas, Bruce S., Qiuping Gu, and Juan R. Albertorio-Diaz. "Psychotropic Medication Use among Adolescents: United States, 2005–2010." *NCHS Data Brief*, no. 135 (December 2013): 1–8.

Jorm, Anthony F., Scott B. Patten, Traolach S. Brugha, and Ramin Mojtabai. "Has Increased Provision of Treatment Reduced the Prevalence of Common Mental Disorders? Review of the Evidence from Four Countries." *World Psychiatry* 16, no. 1 (2017): 90–99. https://doi.org/10.1002/wps.20388.

Kant, Immanuel. "Groundwork of the Metaphysic of Morals (1785)," *Cambridge Texts in the History of Philosophy*. Cambridge: Cambridge University Press, 1998.

Katcher, Aaron H., Richard L. Solomon, Lucille H. Turner, and Vincent Lolordo. "Heart Rate and Blood Pressure Responses to Signaled and Unsignaled Shocks: Effects of Cardiac Sympathectomy." *Journal of Comparative and Physiological Psychology* 68, no. 2 (1969): 163–74.

Kidd, Celeste, Holly Palmeri, and Richard N. Aslin. "Rational Snacking: Young Children's Decision-Making on the Marshmallow Task Is Moderated by Beliefs about Environmental Reliability." *Cognition* 126, no. 1 (2013): 109–14. https://doi.org/10.1016/j.cognition.2012.08.004.

Knibbs, Kate. "All the Gear an Ultramarathoner Legend Brings with Him on the Trail." Gizmodo, October 29, 2015. https://gizmodo.com/all-the-gear-an-ultramarathon-legend-brings-with-him-on-1736088954.

Kohrman, Matthew, Quan Gan, Liu Wennan, and Robert N. Proctor, eds. *Poisonous Pandas: Chinese Cigarette Manufacturing in Critical Historical Perspectives*. Stanford, CA: Stanford University Press, 2018.

Kolb, Brian, Grazyna Gorny, Yilin Li, Anne-Noël Samaha, and Terry E. Robinson. "Amphetamine or Cocaine Limits the Ability of Later Experience to Promote Structural Plasticity in the Neocortex and Nucleus Accumbens." *Proceedings of the National Academy of Sciences of the United States of America* 100, no. 18 (2003): 10523–28. https://doi.org/10.1073/pnas.1834271100.

Koob, George F. "Hedonic Homeostatic Dysregulation as a Driver of Drug-Seeking Behavior." *Drug Discovery Today: Disease Models* 5, no. 4 (2008): 207–15. https://doi.org/10.1016/j.ddmod.2009.04.002.

Kramer, Peter D. *Listening to Prozac*. New York: Viking Press, 1993.

Kreher, Jeffrey B., and Jennifer B. Schwartz. "Overtraining Syndrome: A Practical Guide." *Sports Health* 4, no. 2 (2012). https://doi.org/10.1177/1941738111434406.

Leknes, Siri, and Irene Tracey. "A Common Neurobiology for Pain and Pleasure." *Nature Reviews Neuroscience* 9, no. 4 (2008): 314–20. https://doi.org/10.1038/nrn2333.

Lembke, Anna. *Drug Dealer, MD: How Doctors Were Duped, Patients Got Hooked, and Why It's So Hard to Stop.* 1st ed. Baltimore: Johns Hopkins University Press, 2016.

Lembke, Anna. "Time to Abandon the Self-Medication Hypothesis in Patients with Psychiatric Disorders." *American Journal of Drug and Alcohol Abuse* 38, no. 6 (2012): 524–29. https://doi.org/10.3109/00952990.2012.694532.

Lembke, Anna, and Amer Raheemullah. "Addiction and Exercise." In *Lifestyle Psychiatry: Using Exercise, Diet and Mindfulness to Manage Psychiatric Disorders*, edited by Doug Noordsy. Washington, DC: American Psychiatric Publishing, 2019.

Lembke, Anna, and Niushen Zhang. "A Qualitative Study of Treatment-Seeking Heroin Users in Contemporary China." *Addiction Science & Clinical Practice* 10, no. 23 (2015). https://doi.org/10.1186/s13722-015-0044-3.

Levin, Edmund C. "The Challenges of Treating Developmental Trauma Disorder in a Residential Agency for Youth." *Journal of the American Academy of Psychoanalysis and Dynamic Psychiatry* 37, no. 3 (2009): 519–38. https://doi.org/10.1521/jaap.2009.37.3.519.

Linnet, J., E. Peterson, D. J. Doudet, A. Gjedde, and A. Møller. "Dopamine Release in Ventral Striatum of Pathological Gamblers Losing Money." *Acta Psychiatrica Scandinavica* 122, no. 4 (2010): 326–33. https://doi.org/10.1111/j.1600-0447.2010.01591.x.

Liu, Qingqing, Hairong He, Jin Yang, Xiaojie Feng, Fanfan Zhao, and Jun Lyu. "Changes in the Global Burden of Depression from 1990 to 2017: Findings from the Global Burden of Disease Study." *Journal of*

Psychiatric Research 126 (June 2020): 134–40. https://doi.org/10.1016/j.jpsychires.2019.08.002.

Liu, Xiang. "Inhibiting Pain with Pain—A Basic Neuromechanism of Acupuncture Analgesia." *Chinese Science Bulletin* 46, no. 17 (2001): 1485–94. https://doi.org/10.1007/BF03187038.

Low, Yinghui, Collin F. Clarke, and Billy K. Huh. "Opioid-Induced Hyperalgesia: A Review of Epidemiology, Mechanisms and Management." *Singapore Medical Journal* 53, no. 5 (2012): 357–60.

MacCoun, Robert. "Drugs and the Law: A Psychological Analysis of Drug Prohibition." *Psychological Bulletin* 113 (June 1, 1993): 497–512. https://doi.org/10.1037//0033-2909.113.3.497.

Maréchal, Michel André, Alain Cohn, Giuseppe Ugazio, and Christian C. Ruff. "Increasing Honesty in Humans with Noninvasive Brain Stimulation." *Proceedings of the National Academy of Sciences of the United States of America* 114, no. 17 (2017): 4360–64. https://doi.org/10.1073/pnas.1614912114.

Mattson, Mark P. "Energy Intake and Exercise as Determinants of Brain Health and Vulnerability to Injury and Disease." *Cell Metabolism* 16, no. 6 (2012): 706–22. https://doi.org/10.1016/j.cmet.2012.08.012.

Mattson, Mark P., and Ruiqian Wan. "Beneficial Effects of Intermittent Fasting and Caloric Restriction on the Cardiovascular and Cerebrovascular Systems." *Journal of Nutritional Biochemistry* 16, no. 3 (2005): 129–37. https://doi.org/10.1016/j.jnutbio.2004.12.007.

McClure, Samuel M., David I. Laibson, George Loewenstein, and Jonathan D. Cohen. "Separate Neural Systems Value Immediate and Delayed Monetary Rewards." *Science* 306, no. 5695 (2004): 503–7. https://doi.org/10.1126/science.1100907.

Meijer, Johanna H., and Yuri Robbers. "Wheel Running in the Wild." *Proceedings of the Royal Society B: Biological Sciences*, July 7, 2014. https://doi.org/10.1098/rspb.2014.0210.

Meldrum, M. L. "A Capsule History of Pain Management." *JAMA* 290, no. 18 (2003): 2470–75. https://doi.org/10.1001/jama.290.18.2470.

Mendis, Shanthi, Tim Armstrong, Douglas Bettcher, Francesco Branca, Jeremy Lauer, Cecile Mace, Shanthi Mendis, et al. *Global Status Report on Noncommunicable Diseases 2014*. World Health Organization, 2014. https://apps.who.int/iris/bitstream /handle/10665/148114/9789241564854_eng.pdf.

Minois, Nadège. "The Hormetic Effects of Hypergravity on Longevity and Aging." *Dose-Response* 4, no. 2 (2006). https://doi.org/ 10.2203/dose-response.05-008.minois.

Montagu, Kathleen A. "Catechol Compounds in Rat Tissues and in Brains of Different Animals." *Nature* 180 (1957): 244–45. https://doi.org/10.1038/180244a0.

National Potato Council. *Potato Statistical Yearbook 2016*. Accessed April 18, 2020. https://www.nationalpotatocouncil.org/files/7014 /6919/7938/NPCyearbook2016_-_FINAL.pdf.

Ng, Marie, Tom Fleming, Margaret Robinson, Blake Thomson, Nicholas Graetz, Christopher Margono, Erin C. Mullany, et al. "Global, Regional, and National Prevalence of Overweight and Obesity in Children and Adults during 1980–2013: A Systematic Analysis for the Global Burden of Disease Study 2013." *Lancet* 384, no. 9945 (August 2014): 766–81. https://doi.org/10.1016/ S0140-6736(14)60460-8.

Ng, S. W., and B. M. Popkin. "Time Use and Physical Activity: A Shift Away from Movement across the Globe," *Obesity Reviews* 13, no. 8 (August 2012): 659–80. https://doi.org/10.1111/j.1467-789X.2011 .00982.x.

O'Dell, Laura E., Scott A. Chen, Ron T. Smith, Sheila E. Specio, Robert L. Balster, Neil E. Paterson, Athina Markou, et al. "Extended Access to Nicotine Self-Administration Leads to Dependence: Circadian Measures, Withdrawal Measures, and Extinction Behavior in Rats." *Journal of Pharmacology and Experimental Therapeutics* 320, no. 1 (2007): 180–93. https://doi.org/10.1124/ jpet.106.105270.

OECD. "OECD Health Statistics 2020," July 2020. http://www.oecd .org/els/health-systems/health-data.htm.

OECD. "Special Focus: Measuring Leisure in OECD Countries." In *Society at a Glance 2009: OECD Social Indicators*. Paris: OECD Publishing, 2009. https://doi.org/10.1787/soc_glance-2008-en.

Ohe, Christina G. von der, Corinna Darian-Smith, Craig C. Garner, and H. Craig Heller. "Ubiquitous and Temperature-Dependent Neural Plasticity in Hibernators." *Journal of Neuroscience* 26, no. 41 (2006): 10590–98. https://doi.org/10.1523/JNEUROSCI.2874-06.2006.

Omura, Daniel T., Damon A. Clark, Aravinthan D. T. Samuel, and H. Robert Horvitz. "Dopamine Signaling Is Essential for Precise Rates of Locomotion by C. Elegans." *PLOS ONE* 7, no. 6 (2012). https://doi.org/10.1371/journal.pone.0038649.

Östlund, Magdalena Plecka, Olof Backman, Richard Marsk, Dag Stockeld, Jesper Lagergren, Finn Rasmussen, and Erik Näslund. "Increased Admission for Alcohol Dependence after Gastric Bypass Surgery Compared with Restrictive Bariatric Surgery." *JAMA Surgery* 148, no. 4 (2013): 374–77. https://doi.org/10.1001/jamasurg.2013.700.

Pascoli, Vincent, Marc Turiault, and Christian Lüscher. "Reversal of Cocaine-Evoked Synaptic Potentiation Resets Drug-Induced Adaptive Behaviour." *Nature* 481 (2012): 71–75. https://doi.org/10.1038/nature10709.

Pedersen, B. K., and B. Saltin. "Exercise as Medicine—Evidence for Prescribing Exercise as Therapy in 26 Different Chronic Diseases." *Scandinavian Journal of Medicine and Science in Sports* 25, no. S3 (2015): 1–72.

Petry, Nancy M., Warren K. Bickel, and Martha Arnett. "Shortened Time Horizons and Insensitivity to Future Consequences in Heroin Addicts." *Addiction* 93, no. 5 (1998): 729–38. https://doi.org/10.1046/j.1360-0443.1998.9357298.x.

Piper, Brian J., Christy L. Ogden, Olapeju M. Simoyan, Daniel Y. Chung, James F. Caggiano, Stephanie D. Nichols, and Kenneth L. McCall. "Trends in Use of Prescription Stimulants in the United States and Territories, 2006 to 2016." *PLOS ONE* 13, no. 11 (2018). https://doi.org/10.1371/journal.pone.0206100.

Postman, Neil. *Amusing Ourselves to Death: Public Discourse in the Age of Show Business.* New York: Penguin Books, 1986.

Pratt, Laura A., Debra J. Brody, and Quiping Gu. "Antidepressant Use in Persons Aged 12 and Over: United States, 2005–2008." *NCHS Data Brief No. 76,* October 2011. https://www.cdc.gov/nchs/products/databriefs/db76.htm.

"Qur'an: Verse 24:31." Accessed July 2, 2020. http://corpus.quran.com/translation.jsp?chapter=24&verse=31.

Ramos, Dandara, Tânia Victor, Maria Lucia Seidl-de-Moura, and Martin Daly. "Future Discounting by Slum-Dwelling Youth versus University Students in Rio de Janeiro." *Journal of Research on Adolescence* 23, no. 1 (2013): 95–102. https://doi.org/10.1111/j.1532-7795.2012.00796.x.

Rieff, Philip. *The Triumph of the Therapeutic: Uses of Faith after Freud.* New York: Harper and Row, 1966.

Ritchie, Hannah, and Max Roser. "Drug Use." Our World in Data. Retrieved 2019. https://ourworldindata.org/drug-use.

Robinson, Terry E., and Bryan Kolb. "Structural Plasticity Associated with Exposure to Drugs of Abuse." *Neuropharmacology* 47, Suppl. 1 (2004): 33–46. https://doi.org/10.1016/j.neuropharm.2004.06.025.

Rogers, J. L., S. De Santis, and R. E. See. "Extended Methamphetamine Self-Administration Enhances Reinstatement of Drug Seeking and Impairs Novel Object Recognition in Rats." *Psychopharmacology* 199, no. 4 (2008): 615–24. https://doi.org/10.1007/s00213-008-1187-7.

Ruscio, Ayelet Meron, Lauren S. Hallion, Carmen C. W. Lim, Sergio Aguilar-Gaxiola, Ali Al-Hamzawi, Jordi Alonso, Laura Helena Andrade, et al. "Cross-Sectional Comparison of the Epidemiology of *DSM-5* Generalized Anxiety Disorder across the Globe." *JAMA Psychiatry* 74, no. 5 (2017): 465–75. https://doi.org/10.1001/jamapsychiatry.2017.0056.

Saal, Daniel, Yan Dong, Antonello Bonci, and Robert C. Malenka. "Drugs of Abuse and Stress Trigger a Common Synaptic Adaptation in Dopamine Neurons." *Neuron* 37, no. 4 (2003): 577–82. https://doi.org/10.1016/S0896-6273(03)00021-7.

Satel, Sally, and Scott O. Lilienfeld. "Addiction and the Brain-Disease Fallacy." *Frontiers in Psychiatry* 4 (March 2014): 1–11. https://doi.org/10.3389/fpsyt.2013.00141.

Schelling, Thomas. "Self-Command in Practice, in Policy, and in a Theory of Rational Choice." *American Economic Review* 74, no. 2 (1984): 1–11. https://econpapers.repec.org/article/aeaaecrev/v_3a74_3ay_3a1984_3ai_3a2_3ap_3a1-11.htm. https://doi.org/10.2307/1816322.

Schwarz, Alan. "Thousands of Toddlers Are Medicated for A.D.H.D., Report Finds, Raising Worries." *New York Times*, May 16, 2014.

Shanmugam, Victoria K., Kara S. Couch, Sean McNish, and Richard L. Amdur. "Relationship between Opioid Treatment and Rate of Healing in Chronic Wounds." *Wound Repair and Regeneration* 25, no. 1 (2017): 120–30. https://doi.org/10.1111/wrr.12496.

Sharp, Mark J., and Thomas A. Melnik. "Poisoning Deaths Involving Opioid Analgesics—New York State, 2003–2012." *Morbidity and Mortality Weekly Report* 64, no. 14 (2015): 377–80.

Shahbandeh, M. "Gluten-Free Food Market Value in the United States from 2014 to 2025." Statista, November 20, 2019. Accessed July 2, 2020. https://www.statista.com/statistics/884086/us-gluten-free-food-market-value/.

Sherwin, C. M. "Voluntary Wheel Running: A Review and Novel Interpretation." *Animal Behaviour* 56, no. 1 (1998): 11–27. https://doi.org/10.1006/anbe.1998.0836.

Shoda, Yuichi, Walter Mischel, and Philip K. Peake. "Predicting Adolescent Cognitive and Self-Regulatory Competencies from Preschool Delay of Gratification: Identifying Diagnostic Conditions." *Developmental Psychology* 26, no. 6 (1990): 978–86. https://doi.org/10.1037/0012-1649.26.6.978.

Sinclair, J. D. "Evidence about the Use of Naltrexone and for Different Ways of Using It in the Treatment of Alcoholism." *Alcohol and Alcoholism* 36, no. 1 (2001): 2–10. https://doi.org/10.1093/alcalc/36.1.2.

Singh, Amit, and Sujita Kumar Kar. "How Electroconvulsive Therapy Works?: Understanding the Neurobiological Mechanisms." *Clinical Psychopharmacology and Neuroscience* 15, no. 3 (2017): 210–21. https://doi.org/10.9758/cpn.2017.15.3.210.

Sobell, L. C., J. A. Cunningham, and M. B. Sobell. "Recovery from Alcohol Problems with and without Treatment: Prevalence in Two Population Surveys." *American Journal of Public Health* 86, no. 7 (1996): 966–72.

Sobell, Mark B., and Linda C. Sobell. "Controlled Drinking after 25 Years: How Important Was the Great Debate?" *Addiction* 90, no. 9 (1995): 1149–53.

Solomon, Richard L., and John D. Corbit. "An Opponent-Process Theory of Motivation." *American Economic Review* 68, no. 6 (1978): 12–24.

Spoelder, Marcia, Peter Hesseling, Annemarie M. Baars, José G. Lozeman-van't Klooster, Marthe D. Rotte, Louk J. M. J. Vanderschuren, and Heidi M. B. Lesscher. "Individual Variation in Alcohol Intake Predicts Reinforcement, Motivation, and Compulsive Alcohol Use in Rats." *Alcoholism: Clinical and Experimental Research* 39, no. 12 (2015): 2427–37. https://doi.org/10.1111/acer.12891.

Sprenger, Christian, Ulrike Bingel, and Christian Büchel. "Treating Pain with Pain: Supraspinal Mechanisms of Endogenous Analgesia Elicited by Heterotopic Noxious Conditioning Stimulation." *Pain* 152, no. 2 (2011): 428–39. https://doi.org/10.1016/j.pain.2010.11.018.

Šrámek, P., M. Šimečková, L. Janský, J. Šavlíková, and S. Vybíral. "Human Physiological Responses to Immersion into Water of Different Temperatures." *European Journal of Applied Physiology* 81 (2000): 436–42. https://doi.org/10.1007/s004210050065.

Strang, John, Thomas Babor, Jonathan Caulkins, Benedikt Fischer, David Foxcroft, and Keith Humphreys. "Drug Policy and the Public Good: Evidence for Effective Interventions." *Lancet* 379 (2012): 71–83.

Substance Abuse and Mental Health Services Administration, U.S. Department of Health and Human Services. *Behavioral Health,*

United States, 2012. HHS Publication No. (SMA) 13-4797, 2013. http://www.samhsa.gov/data/sites/default/files/2012-BHUS.pdf.

Sutou, Shizuyo. "Low-Dose Radiation from A-Bombs Elongated Lifespan and Reduced Cancer Mortality Relative to Un-Irradiated Individuals." *Genes and Environment* 40, no. 26 (2018). https://doi.org/10.1186/s41021-018-0114-3.

Sydenham, Thomas. "A Treatise of the Gout and Dropsy." In *The Works of Thomas Sydenham, M.D., on Acute and Chronic Diseases*, 254. London, 1783. https://books.google.com/books?id=iSxsAAAA-MAAJ&printsec=frontcover&source=gbs_ge_summary_r&cad=0#v=onepage&q&f=false 2.

Synnott, Mark. "How Alex Honnold Made the Ultimate Climb without a Rope." *National Geographic* online. Accessed July 8, 2020. https://www.nationalgeographic.com/magazine/2019/02/alex-honnold-made-ultimate-climb-el-capitan-without-rope.

Synnott, Mark. *The Impossible Climb: Alex Honnold, El Capitan, and the Climbing Life*. New York: Dutton, 2018.

Taussig, Helen B. "'Death' from Lightning and the Possibility of Living Again." *American Scientist* 57, no. 3 (1969): 306–16.

Tomek, Seven E., Gabriela M. Stegmann, and M. Foster Olive. "Effects of Heroin on Rat Prosocial Behavior." *Addiction Biology* 24, no. 4 (2019): 676–84. https://doi.org/10.1111/adb.12633.

Twelve Steps and Twelve Traditions. New York: Alcoholics Anonymous World Services, n.d.

Vasconcellos, Silvio José Lemos, Matheus Rizzatti, Thamires Pereira Barbosa, Bruna Sangoi Schmitz, Vanessa Cristina Nascimento Coelho, and Andrea Machado. "Understanding Lies Based on Evolutionary Psychology: A Critical Review." *Trends in Psychology* 27, no. 1 (2019): 141–53. https://doi.org/10.9788/TP2019.1-11.

Vengeliene, Valentina, Ainhoa Bilbao, and Rainer Spanagel. "The Alcohol Deprivation Effect Model for Studying Relapse Behavior: A Comparison between Rats and Mice." *Alcohol* 48, no. 3 (2014): 313–20. https://doi.org/10.1016/j.alcohol.2014.03.002.

Volkow, N. D., J. S. Fowler, and G. J. Wang. "Role of Dopamine in Drug Reinforcement and Addiction in Humans: Results from Imaging Studies." *Behavioural Pharmacology* 13, no. 5 (2002): 355–66. https://doi.org/10.1097/00008877-200209000-00008.

Volkow, N. D., J. S. Fowler, G-J. Wang, and J. M. Swanson. "Dopamine in Drug Abuse and Addiction: Results from Imaging Studies and Treatment Implications." *Molecular Psychiatry* 9, no. 6 (June 2004): 557–69. https://doi.org/10.1038/sj.mp.4001507.

Watson, Gretchen LeFever, Andrea Powell Arcona, and David O. Antonuccio. "The ADHD Drug Abuse Crisis on American College Campuses." *Ethical Human Psychology and Psychiatry* 17, no. 1 (2015). https://doi.org/10.1891/1559-4343.17.1.5.

Weisman, Aly, and Kristen Griffin. "Jimmy Kimmel Lost a Ton of Weight on This Radical Diet." *Business Insider*, January 9, 2016.

Wells, K. B., R. Sturm, C. D. Sherbourne, and L. S. Meredith. *Caring for Depression*. Cambridge, MA: Harvard University Press, 1996.

Whitaker, Robert. *Anatomy of an Epidemic: Magic Bullets, Psychiatric Drugs, and the Astonishing Rise of Mental Illness in America*. New York: Crown, 2010.

Winnicott, Donald W. "Ego Distortion in Terms of True and False Self." In *The Maturational Process and the Facilitating Environment: Studies in the Theory of Emotional Development*, 140–57. New York: International Universities Press, 1960.

Wu, Tim. "The Tyranny of Convenience." *New York Times*, February 6, 2018.

Younger, Jarred, Noorulain Noor, Rebecca McCue, and Sean Mackey. "Low-Dose Naltrexone for the Treatment of Fibromyalgia: Findings of a Small, Randomized, Double-Blind, Placebo-Controlled, Counter-balanced, Crossover Trial Assessing Daily Pain Levels." *Arthritis and Rheumatism* 65, no. 2 (2013): 529–38. https://doi.org/10.1002/art.37734.

Zhou, Qun Yong, and Richard D. Palmiter. "Dopamine-Deficient Mice Are Severely Hypoactive, Adipsic, and Aphagic." *Cell* 83, no. 7 (1995): 1197–1209. https://doi.org/10.1016/0092-8674(95)90145-0.

人名、术语对照

原文	译文
Levon Helm	李翁·赫姆
wired generation	有线一代
Kent Dunnington	肯特·邓宁顿
Thc Washington Post	《华盛顿邮报》
Golden Gate Bridge	金门大桥
Albrecht Dürer	阿尔布雷特·丢勒
Melencolia I	《忧郁 I》
Twilight	《暮光之城》
Are You There, God? It’s Me, Margaret.	《上帝在吗？我是玛格丽特》
Karen Marie Moning	凯伦·玛丽·莫宁
Darkfever	《黯之罪》

Dostoyevsky	陀思妥耶夫斯基
Crime and Punishment	《罪与罚》
Fifty Shades of Grey	《五十度灰》
Pride and Prejudice	《傲慢与偏见》
Skinner box	斯金纳箱
OxyContin	奥施康定
Vicodin	维柯丁
fentanyl	芬太尼
David Courtwright	戴维・考特莱特
Friedrich Sertürner	弗里德里希・泽尔蒂纳
Alexander Wood	亚历山大・伍德
Xanax	阿普唑仑
Percocet	扑热息痛
Vince Dutto	文斯・杜托
Anne Case	安妮・凯斯
Angus Deaton	安格斯・迪顿
Philip Rieff	菲利普・里夫
The Triumph of the Therapeutic: Uses of Faith After Freud	《治疗观的胜利》
the highest good	最高善
Ross Douthat	罗斯・多赛特
Bad Religion	《坏宗教》
Thomas Sydenham	托马斯・西德纳姆
Paxil	帕罗西汀

Prozac	百忧解
Adderall	阿德拉
Celexa	西酞普兰
Ritalin	利他林
Klonopin	氯硝西泮
Valium	安定
Aldous Huxley	阿道司·赫胥黎
Brave New World Review	《重返美丽新世界》
Amusing Ourselves to Death	《娱乐至死》
Neil Postman	尼尔·波兹曼
Ambien	安必恩
Ativan	劳拉西泮
World Happiness Report	《世界幸福报告》
Arvid Carlsson	阿维德·卡尔森
Kathleen Montagu	凯瑟琳·蒙塔古
opponent-process	对立过程
Richard Solomon	理查德·所罗门
John Corbit	约翰·科比特
opponent-process theory	对立过程理论
Johann Wolfgang von Goete	约翰·沃尔夫冈·冯·歌德
Ewald Hering	埃瓦尔德·赫林
Nora Volkow	诺拉·沃尔科夫
George Koob	乔治·库布

Alcoholics Anonymous	匿名戒酒会
Ivan Pavlov	伊万・巴甫洛夫
Rob Malenka	罗布・马伦卡
Diagnostic and Statistical Manual of Mental Disorders	《精神障碍诊断与统计手册》
Jakob Linnet	雅各布・琳内特
Edie Sullivan	伊迪・沙利文
Vincent Pascoli	文森特・帕斯科利
Henry Knowles Beecher	亨利・诺尔斯・比彻
British Medical Journal	《英国医学杂志》
Tom Finucane	汤姆・菲纽肯
Daniel Friedman	丹尼尔・弗里德曼
Marc Schuckit	马克・舒克特
abstinence violation effect	破堤效应
Homer	荷马
Odysseus	奥德修斯
Sirens	塞壬
S. H. Ahmed	S.H. 艾哈迈德
Anne Line Bretteville-Jensen	安妮・莱恩・布雷特维尔 - 詹森
Warren K. Bickel	沃伦・K. 比克尔
Samuel McClure	塞缪尔・麦克卢尔
Mark Aguiar	马克・阿吉亚尔
Eric J.Iannelli	埃里克・J. 伊安内利
Walter Mischel	沃尔特・米歇尔

Immanuel Kant	伊曼纽尔·康德
The Metaphysics of Morals	《道德形而上学》
Roble Field	罗伯菲尔德
University of Arkansas	阿肯色大学
Gretchen LeFever Watson	格雷琴·莱弗尔·沃森
Peter Kramer	彼得·克雷默
Listening to Prozac	《神奇百忧解》
Ed Levin	埃德·莱文
US Department of Health and Human Services	美国卫生与公众服务部
Alexandrea Hatcher	亚历山大·哈彻
Substance Use and Misuse	《药物使用与滥用》
Joss Whedon	乔斯·惠登
Serenity	《冲出宁静号》
Vincenz Priessnitz	文森斯·普列斯尼兹
Ian Fleming	伊恩·弗莱明
Wim Hof	维姆·霍夫
Charles University	布拉格查尔斯大学
European Journal of Applied Physiology	《欧洲应用生理学杂志》
Christina G. von der Ohe	克里斯蒂娜·G. 冯·德·奥赫
Martin Luther	马丁·路德
Helen Taussig	海伦·陶西格
American Scientist	《美国科学家》
Edward J.Calabrese	爱德华·J. 卡拉布雷斯

Lancet	《柳叶刀》
Jimmy Kimmel	吉米·坎摩尔
Hippocrates	希波克拉底
Christian Sprenger	克里斯蒂安·斯普伦格
Ugo Cerletti	乌戈·切莱蒂
Lucino Bini	卢西奥·比尼
Alex Honnold	亚历克斯·霍诺尔德
Yosemite	优胜美地
El Capitan	酋长巨石
University of Maine	缅因大学
Alan Rosenwasser	艾伦·罗森沃瑟
C. M. Sherwin	C.M. 舍温
Leiden University	荷兰莱顿大学
Johanna Meijer	约翰娜·梅杰
Yuri Robbers	尤里·罗伯斯
Scott Jurek	斯科特·尤雷克
Lewis Pugh	刘易斯·皮尤
Christian Ruff	克里斯蒂安·鲁夫
Donald Hebb	唐纳德·赫布
William R.Miller	威廉·R. 米勒
Stephen Rollnick	斯蒂芬·罗尔尼克
Aeschylus	埃斯库罗斯
Donald Winnicott	唐纳德·温尼科特

Mark Epstein	马克·爱普斯坦
Going on Being	《持续存在》
University of Rochester	罗切斯特大学
Warren Bickel	沃伦·比克尔
Glenn Beck	格伦·贝克
club goods	俱乐部物品
Laurence Iannacone	劳伦斯·伊安纳科内
Point Reyes	雷斯岬

图书在版编目（CIP）数据

成瘾：在放纵中寻找平衡 /（美）安娜 · 伦布克著；赵倩译 . -- 北京：新星出版社，2023.3（2024.6 重印）

ISBN 978-7-5133-5006-8

Ⅰ. ①成… Ⅱ. ①安… ②赵… Ⅲ. ①多巴胺－普及读物 Ⅳ. ① Q422-49

中国版本图书馆 CIP 数据核字（2022）第 148486 号

成瘾：在放纵中寻找平衡

［美］安娜 · 伦布克 著；赵倩 译

责任编辑：杨　猛
监　　制：黄　艳
责任校对：刘　义
责任印制：李珊珊

出版发行：新星出版社
出 版 人：马汝军
社　　址：北京市西城区车公庄大街丙3号楼　100044
网　　址：www.newstarpress.com
电　　话：010-88310888
传　　真：010-65270449
法律顾问：北京市岳成律师事务所

读者服务：010-88310811　service@newstarpress.com
邮购地址：北京市西城区车公庄大街丙3号楼　100044

印　　刷：北京天恒嘉业印刷有限公司
开　　本：880mm × 1230mm　1/32
印　　张：9.625
字　　数：192千字
版　　次：2023年3月第一版　2024年6月第八次印刷
书　　号：ISBN 978-7-5133-5006-8
定　　价：59.00元